中国城市居住边界区的理论与实践

The Chinese Urban Residential Borderlands: Theory and Practice

廖开怀　著

中国建筑工业出版社

图书在版编目（CIP）数据

中国城市居住边界区的理论与实践 = The Chinese Urban Residential Borderlands: Theory and Practice/ 廖开怀著 . —北京：中国建筑工业出版社，2021.6

ISBN 978-7-112-26097-3

Ⅰ.①中… Ⅱ.①廖… Ⅲ.①城市空间—居住空间—空间结构—研究—中国 Ⅳ.① TU984.11

中国版本图书馆 CIP 数据核字（2021）第 075317 号

本书内容包括边界与居住边界区研究综述；边界与居住边界区理论框架；边界与居住边界区方法论与研究方法；居住边界区生产的国家和城市背景条件；广州居住边界区的分布与功能流动特征；城市去边界化和再边界化进程；城市规划师对封闭社区生产的作用与应对以及理解居住边界区的去边界化和再边界化进程等。

本书可供广大城乡规划师、城市规划工作者、政府管理人员、房地产从业人员以及高等院校城乡规划学与人文地理学专业师生学习参考。

责任编辑：吴宇江
责任校对：姜小莲

中国城市居住边界区的理论与实践
The Chinese Urban Residential Borderlands：Theory and Practice
廖开怀 著

*

中国建筑工业出版社出版、发行（北京海淀三里河路9号）
各地新华书店、建筑书店经销
北京点击世代文化传媒有限公司制版
北京建筑工业印刷厂印刷

*

开本：787毫米×1092毫米 1/16 印张：13¼ 字数：234千字
2021年7月第一版 2021年7月第一次印刷
定价：**55.00**元
ISBN 978-7-112-26097-3
（37265）

版权所有 翻印必究
如有印装质量问题，可寄本社图书出版中心退换
（邮政编码 100037）

自　序

本书以我在德国基尔大学完成的题为《Debordering and Rebordering Processes in Suburban Guangzhou, China》的博士论文研究为基础[①]，在翻译原文的基础上增加了最新的研究数据和资料，结合最新的研究成果，对原有的内容体系进行了较大幅度地修改、增补和完善，修订了全书的研究框架，增加了部分章节，完善了研究内容体系。

我的博士论文研究起始于2012年，完成于2016年。博士毕业后先后在广州地理研究所和广东工业大学工作。在科研工作岗位中，一直坚持这一研究主题，并依托该选题先后以不同的研究方向申请了国家自然科学青年基金和面上基金的资助。从2012—2020年本书完稿付梓，研究历时8年之久。然而，8年只是时间长河中的一瞬间，对8年的边界化动态进程的观察和研究只是反映了大时间尺度中的一部分，纵观这一研究选题和内容体系，仍觉有较多可拓展的方向和内容。因此，本书是一个阶段性的研究成果汇报，而非研究的终结。

本书出版的目的有3个：一是重新梳理研究内容体系和脉络，综合和汇报最新的研究成果和内容；二是通过将英文成果翻译成中文出版，以扩大全书的读者受众；三是针对当前国家对构建包容与开放的城市空间的需求，亟须一本丰富而翔实地阐述城市空间结构和条件、边界化进程机理与理论方面的专著。因此，本书希望能响应国家的需求，为相关研究添砖加瓦。

在本书的研究和出版过程中，得到了众多学者和学生的帮助。在此感谢他们。首先，感谢我的博士导师，Rainer Wehrhahn 和 Werner Breitung 两位教授。他们引领我进入这一研究主题，并对我的研究理论框架的构建，提供了非常有价值的建议。同时，也感谢他们对我在德国留学期间的照顾

① 原文详见：Liao Kaihuai. Debordering and Rebordering Processes in Suburban Guangzhou, China[J]. Kieler Geographische Schriften, Band 128, 2016.

和帮助。此外，也感谢 Robert Hassink 教授和 Florian Dunckmann 教授在我的博士论文答辩中提出的宝贵意见和评论。

其次，感谢在基尔一同留德学习的小伙伴们和在德国基尔大学地理系的同门和学长，感谢他们在 Seminar 中提出的有价值的问题和讨论。同时，也感谢那些在我的实证调研过程中提供过帮助的人和所有的受访者，感谢他们分享他们的经历、观点和故事。

再次，感谢在原文翻译过程中提供过帮助的学生们，他们分别是符蓝、陈姝卉、吕恒、孟瑞、李劲青、邹艳婷、黄文艳几位研究生。同时，也感谢叶诗彤、夏卉、徐泽熙和黄翔宇，他们通过参加专指委调查报告的形式参与到本课题的研究中。

最后，感谢国家自然基金委面上基金（41971196）和青年基金（41601170）提供的出版资助，以及德国自然科学基金（DFG，No.BR 3546/2-1）、广州市科技创新计划项目（201804010258）提供的部分研究支持。

目　录

1 引言

1.1 研究背景

“虽然近几十年来边界的空间性发生了变化，但是在边界研究中考虑边界的场所仍然很重要。例如，我们从何处找寻边界化实践的证据以及边界对特定场所的影响？”（Johnson et al.，2011）

“破碎化的城郊区正逐渐变成一座由孤立的牢房和围墙共同组成的监狱城市，痴迷于维持我们与他们、我者与他者、熟人与陌生人、常住居民与外来人口之间的界限。”（Soja，2005）

当前，中国城市空间中存在着不同类型的有形与无形的边界，如社会群体之间的收入差距、居民日常生活流动中的物理障碍以及不连续的土地利用等，这些均构成了城市内部空间边界。而在城市中最突出的是以封闭社区的“围墙”为代表的居住区边界。自 20 世纪 80 年代住房商品化改革后，封闭社区成为城市商品房开发的主要形式。在大城市区域，常常出现封闭社区居民与城中村（或村落）居民比邻居住的现象，但“围墙”的存在影响着两个不同居住区间的日常生活交流和实践。从边界的角度看，这种由两个相邻的存在社会空间差异的居住性飞地组成的区域被称为居住边界区（Residential borderland），其发展受到居住边界的显著影响。由于该现象在中国甚至世界部分城市地区普遍存在，学者将其称之为“边界城市主义”（Borderland urbanism）（Iossifova，2015）。

在众多大城市的郊区地带，封闭社区的建设用地主要来源于农村集体用地，由此出现了大量封闭式商品房住区与原有村落相互比邻的现象。一方面，封闭社区的围墙犹如一道坚不可摧的屏障分隔着社区内外不同收入的群体；另一方面，随着郊区化进程的推动及城市发展水平的提高，封闭社区与周边村落之间又形成了很强的功能互补性，如封闭社区的居民经常去周边村落进行购物消费，或雇用村落居民为其提供保姆、护理、清洁等家政服务，两者之间进而产生了频繁的社会接触与联系。可见，居民的能动性生活实践正在日益模糊僵硬的边界，使相互“隔离”的居住空间变得更具弹性。这种借鉴政治地理学边界的视角来解读城市空间结构的研究，有别于“飞地城市主义”（Enclave urbanism）、“分裂城市主义”（Splintering urbanism）的城市空间结构解读，成为当前国际城市地理学研究的一个重要和前沿的议题（Schuermans，2016，Iossifova，2019，Iossifova，2015）。

在理论认知方面，边界在政治地理学中作为一个研究对象而被明确地提出；但在城市地理学中并没有明确地把边界当做研究对象，而是以居住隔离、“飞地城市化”、“分裂都市主义”和“分裂城市”等形式存在。自20世纪90年代初以来，政治地理学者对边界开展了大量的实证研究和理论探讨，产生了丰富的理论。然而，政治地理学对边界的研究主要集中在国家边界上，忽略了对城市和社区尺度的边界研究。城市内部空间边界把城市分隔成不同的区域，特别是作为全球普遍性现象的封闭社区，已成为城市中最明显的边界。与国界相比，城市内部边界或许更为重要，因为人们可以在不跨越国界的情况下开展日常生活实践，但绝大多数人每天都要跨越或者体验城市内部空间边界。因此，就人们在微观环境中的日常生活流动性而言，感知到的城市内部空间边界相比国家边界扮演着更为重要的角色（Newman，2006）。因此，边界研究学者提出疑问：“边界研究中的边界在哪里？”（Johnson et al.，2011）。作为边界集合的城市应该成为边界研究的舞台。封闭的社区边界与国家边界有许多相似之处，是研究边界化进程和发展边界理论的良好实践场所。

中国城市的社会空间结构特点充满了拼贴式的飞地和飞地城市主义（Breitung，2012，Douglass et al.，2012，He，2013），即封闭社区、城中村和单位大院等居住形式的交互并置。然而，现有城市地理学研究多以飞地为独立的研究单元阐释社区边界的形成机制，探索并解释社会隔离、社会不公平等现实问题，并没有充分注意到飞地与周边地区的相互关系，以及由此发生的去边界化和再边界化进程及其内在机理。城市地理学把以封闭社区为空间表征的城市内部空间边界解读为“城市空间破碎化”、“飞地城市主义”或“分裂城市主义”等，忽略了其可能存在的学科交叉性研究。Iossifova（2013，2015）指出从政治地理学边界的理论视角可以重新解读“破碎化的”城市内部空间结构与条件，呼吁学者更多地关注城市内部空间边界的相关研究及其学科交叉特性。

另外，应当前国家发展的需求，2016年中共中央在发布的《关于进一步加强城市规划建设管理工作的若干意见》中提出：“原则上不再建设封闭住宅小区。已建成的住宅小区和单位大院要逐步打开”；国家“十三五”规划中也提出坚持“创新、协调、绿色、开放、共享”的发展理念。可见，促进封闭社区与周边地区的融合，推动城市空间边界融合，构建更为开放和共享的城市空间格局已成为当前国家和时代发展的共同需求。

然而，在现实认知中，我们似乎对构成中国城市空间结构的典型居住边界区现象了解得并不多。城市居住边界区现象从何而来？有什么样的特征与类型？不断跨越边界的居民联系流正日益模糊城市内部空间边界、推动居住边界区转型。然而这种跨越居住区边界的居民实践活动包含哪些内容，具有什么样的特征与内涵，地方政府和规划师等相关行为者对居住边界区的态度与作用如何，城市规划应该如何应对这一现象等一系列问题亟须解答。

现有研究多是从实证角度解答封闭社区是否导致社会隔离等问题，其答案往往限定于“是”与“否”的二元求证。本书通过引入国家边界理论，强调边界进程包括边界化、去边界化和再边界化的动态进程。具体以城市居住边界区，即由城郊封闭社区和比邻村落共同组成的居住区域为研究对象，着眼于分割两者的“围墙”边界，引进“结构能动”理论与政治地理学的边界理论，选取广州作为研究案例地，分别从功能流、符号和社会网络三个维度阐释中国城市空间发生的边界化、去边化和再边界化进程的内涵、特征与机理，进而提出理论解释与政策建议。

1.2 研究问题、目标与意义

本书以社会学的结构能动理论为基础，结合政治地理学的国家边界理论，构建适合城市内部空间边界研究的理论框架，并通过实证研究，提出根植于地方的理论解释，旨在加强我们对社会现象的认知。主要的研究目标如下：

1. 理论目标：提出诠释城市内部空间去边界化和再边界化进程及其内在机理的理论框架，通过理论框架构建和实证论证，拓展边界理论。

2. 阐释目标：通过对比分析不同类型居住边界区的案例，阐释边界演化特征，归纳总结去边界化和再边界化实践的多维度空间表征和内涵，并且识别影响边界化进程的关键因素。主要以“结构—能动”为二元视角，挖掘“国家—城市—居住边界区”多尺度的边界化进程的结构性驱动力和对相关行为者的影响因素。

3. 实践目标：提出有利于促进形成更为开放、包容和共享的城市居住空间结构，并为其制度的改进提供政策建议。

因此，本书拟解决的核心关键研究问题为：我们如何从理论和实证上理解和阐述大城市郊区的去边界化和再边界化进程？该问题可以细分为以下多个问题：

1. 在居住边界区发生了什么样的去边界化和再边界化进程？其内涵和特征是什么？

2. 行为者如何塑造大城市郊区的去边界化和再边界化进程？

3. 为什么以及在什么样的结构和背景条件下，大城市郊区发生了去边界化和再边界化的过程？

4. 如何分析多尺度的结构性因子和行为者能动性对城市边界进程的影响，并识别关键影响因素？

为了回答上述研究问题，本书共分为十个章节展开。第 1 章简要介绍了本书的研究情况，包括研究背景、研究问题、目标与意义。第 2 章首先介绍了边界、边界化和居住区边界区等相关概念；其次，回顾了政治地理学的边界研究以及我国城市地理学中对封闭社区和城中村的研究；最后，指出了需要人们更多地关注社区尺度的边界化、去边界化和再边界化进程的重要性。第 3 章结合理论综合建构了进程、内涵与影响机理相互结合的居住边界区理论分析框架。第 4 章介绍了本研究的方法论和方法，较为详细地介绍了研究采用的访谈、问卷调查和跟随观察等调查方法及数据处理方法。第 5 章介绍了居住边界区现象产生的宏观结构和背景条件，包括国家层面的土地制度改革、户籍制度和住房改革等，以及城市层面的城镇化和郊区化背景。第 6 至 8 章为实证研究章节。第 6 章以广州市番禺区居住边界区为例探讨了居住边界区的空间分布特征，以及跨越居住边界的居民短途出行流动特征。第 7 章分别从功能流、符号和社会网络三个维度阐释了发生在居住边界区的边界化、去边界化和再边界化进程。第 8 章探讨了城市规划师对封闭社区的响应与应对策略。第 9 章是理论综合章节，通过综合现有理论与实证研究，构建了根植于地方实证的理论阐释。第 10 章为结论章节，总结了实证研究的发现与研究的理论贡献，并对未来的研究方向进行展望。

总体上，本书具有理论与实践两方面的价值。在理论上，Paasi（2005）认为边界理论具有“恒定性”，指边界理论作为一个开放性的范畴，既可用于解释不同背景下的现象，又可以在不同社会背景下的边界生产实践研究中得到新的发展。由于现有政治地理学的边界理论主要形成和发展于对国家边界的实证研究，少有拓展到城市内部边界领域，因此，本书以吉登斯的“结构—能动”为视角，将国家边界理论概念有机地纳入城市微观尺度的边界分析中，对广州城市内部空间边界进行实证研究，通过理论演绎和实证归纳相结合的方法，发展根植于地方的理论解释。在实践上，本书立足于当前国家提出的“逐步开放封闭小区”、建立“开放与共享社区”的发展理念，其内容将有利于加强我们对城市空间结构条件及城市动态进程的认识，可为推进社会融合、促进形成更加开放、共享和包容的城市社会提供一定的政策制定依据和参考。因此，本书可供城市规划和人文地理学等专业高校师生、城市规划工作者、政府部门相关工作人员、房地产公司从业人员等人士阅读和参考。

2 研究综述：边界与居住边界区

2.1 边界与居住边界区概念

2.1.1 边界的概念

边界研究（Border Studies）作为政治地理学的经典议题，受到社会学、民族学、心理学、人类学、语言学、经济学、历史学甚至是技术科学等众多学科的关注（Newman，2006）。在传统边界研究中，边界被认为是具有显著物理属性的国家边界，是指“界定国家领土管辖权和主权空间范围的界线”（Minghi，1963，Prescott，1987）。然而，仅在过去的 20 多年，学术界不断地意识到边界处于一种未充分发展的（inchoate）状态，具有不完全形成性（Jones，2009），蕴含着不断变化的潜质。国家边界被看作是历史上偶然发生的进程（Newman and Paasi，1998），可能会产生、延续或者在某些情况下最终会消失。边界并“不事先存在于政治行动，而仅仅是作为政治进程和伴随边界合法性进程的一个结果而获得它们的社会属性”（Stetter，2008）。因此，关于边界的认识从可见的、物质的、静态的客体，如围墙、藩篱、河流、山脉等，向动态的进程和社会建构的观点转变，更强调边界意义的多样性，即具有不同功能、尺度和类型。正如 Newman（2003）指出：“是边界化的进程，而不是边界本身，在社会的秩序构建中具有普适性的意义”。边界一词进而被理解为“反映边界化进程的动词”（Van Houtum et al.，2005），强调边界化进程及其对日常生活实践的影响（Newman，2006）。因此，边界研究从研究社会和政治进程中产生的边界实体转为研究创造和延续隔离和差异性界线的动态进程，即从边界到边界化（Newman，2010，Ellebrecht，2013）。

当前学界越来越认识到不可能把边界丰富的内涵整合到一个单一的概念中，理解边界需要采取一种维度寻找的方法（Bauder，2011）。Anderson（1996）从制度学角度理解，认为边界是由政治决定和创造的、由法律管理和控制的制度。Van Houtum 和 Van Naerssen（2002）从国际关系角度归纳，认为边界指的是领土空间的所有权，有利于创造秩序和减少领域所有权的模棱两可性，是空间差异的社会实践。Paasi（2009）着眼于社会生产角度，认为边界是在社会实践和背景下产生的重要的制度和概念性符号。Brunet-Jailly（2011）从权力关系角度出发，认为边界是领土的标志和划界的功能流动向量，是在社会背景和结构性因素的约束下通过不同群体之间的行动相互作用和相互影响而产生的。对边界的理解超越了传统上单纯把边界看作是国家空间分隔的理解，更多地关注不断创造和重新创造出来的概念性边界，以及空间层面的实践（Brunet-Jailly，2011）。总之，从社会建构主义的角度看，对边界的理解不再局限于国家分隔的物理界限，而是延伸到社会建构的边界以及作为进程的“边界”。

通常来说，在英文文献中，边界的英文词汇 Border 与 Boundary 的概念在演变中不断趋同，它们常常在学术文献中交换使用，而与边境或边界区（Frontier/Borderland）的概念相区分。起初，Newman 和 Paasi（1998）指出 Boundary and Border 最初仅被认为是分隔领土主权的线，而 Frontier 则被认为是边界附近地区，其内部发展受边界线影响的区域。Boundary 与 Border 虽然有内涵上的区别，前者更强调物质性的边界，而后者则更强调功能性的“排他与包含”的边界，但两者都是一个线性的概念，而非区域或者地域的概念（Newman，2001）。Newman（2017）进一步指出近期政治地理学文献倾向于减弱 Border 与 Boundary 这两个概念在使用上的重大差异，并强调了 Border 与 Boundary 是线性的概念，而 Borderland 和 Frontier 则是一个区域或地域的概念。因此，Borderland（边境区或边界区）和 Frontier（边境）是指受边界影响的边界邻近区域，是指领土腹地的外向型前缘和外围地带，是“不同宽度的带”，其内部社会实践和动态进程受到边界的深刻影响（唐雪琼 等，2014，Kristof，1959，Newman，2006）。

2.1.2 居住边界区概念及研究对象界定

在中国城市中，如封闭社区、城中村（或少数群体聚居地）、单位大院等不同的居住性飞地相互拼贴布置的现象，被称为“城市飞地主义”（He，2013，Breitung，2012）。中国城市中显著的居住区边界使得城市内部空间边界在边界研究和城市研究中具有重要的意义。城市居住边界区（Residential borderlands）指由两个相邻的、存在社会空间差异的飞地式居住区，如封闭社区与相邻的城中村或村落共同组成的地域，由于居住区边界的存在，其发展不断地受到居住区边界的影响（Iossifova，2013，Iossifova，2015）。

由于组合方式的不同，由两个相邻的不同类型的居住性飞地组合而成的居住边界区可以有很多种，如封闭社区与城中村、单位大院与城中村、封闭社区与单位大院等。其中，以封闭社区和城中村比邻而居而产生的居住边界区现象最为典型。自 20 世纪 80 年代住房商品化改革后，随着中国城市化的推进，封闭社区成为大城市郊区商品房开发的主要形式。由于郊区的封闭式商品房住宅建设用地多来源于农村集体用地，因此出现了大量的封闭式商品房住区与原有村落相互比邻的现象。本书的研究重点为城郊型封闭社区与其比邻村落组成的一类城市居住边界区。

为了更为具体地研究中国居住边界区的现象，本书选择改革开放后经济和城市化取得快速发展的广州市作为研究案例。选择的典型居住边界区包括祈福新邨及其比邻村落钟一村，顺德碧桂园及其比邻村落三桂村，锦绣花园及其比邻村落钟四村和胜石村。这些具有代表性的居住边界区均来自地处广州市城郊地带的番禺区。

2.2 边界研究进展

自从 20 世纪 80 年代建立现代国家体系以来，在一个充满边界的世界中，大约存在着 300 个州际陆地边界和 40 多个海洋边界（Paasi，2011）。尽管在国界之间存在一些悬而未决的区域争端，但大多数边界都在制度上得到确认。国家边界作为一个最明显的政治地理现象，触及政治地理学科的核心（Van Houtum，2005），是理解 21 世纪重大地理变革的性质与内涵的重要手段（B.Murphy，刘云刚，2019）。尤其是在中国“一带一路”建设倡议的时代背景下，边界与边境研究将成为地理学的前沿研究方向。由于边界的多尺度性，使得边界同样也大量地存在于城市中，成为城市研究和规划学科的一个重要因素。为了借鉴国家边界理论知识，并应用于城市内部空间边界的研究，本章对政治地理学的边界研究文献进行了梳理和归纳，以期获得更多的启示。

为了较全面地梳理和掌握边界研究的发展历程和前沿动态，本部分内容选取 Scopus 数据库对边界研究的文献进行检索。Scopus 数据相较 Web of Science 数据库收录的文献数据更为综合和全面。在边界研究文献的梳理上，一方面，Scopus 数据库最早可以检索到 1874 年以来的关于边界研究的期刊文章、图书和图书章节等数据。而 Web of Science 数据库仅能提供自 2002 至今收录的 SSCI 期刊文章数据；另一方面，作为专门研究和发表边界研究文章的《Journalof Borderland Studies》期刊并未被收入 Web of Science 数据库中，因此采用 Web of Science 数据库检索边界研究文献可能遗漏重要文献，难以综合和全面地反映边界研究的热点和历程。故选取 Scopus 数据库进行文献检索和分析。

为检索到尽可能多且内容接近的文献，在 Scopus 数据中采用高级检索，以 Border/Bounda 为检索词，检索在题目、摘要或关键词中包含该词汇的期刊文章，时间跨度为 1874 年（最早有关边界研究的文献收录时间）到 2019 年 10 月，研究领域限定为社会科学（social science）领域，一共检索到 19980 篇英文期刊文章。对检索到的数据使用 Citespace 软件进行数据分析，从而判断边界研究的发展动态和前沿热点。

边界研究作为政治地理学的一个核心议题，总体上经历了初期的传统经典研究阶段和 1990 年之后的复兴阶段。20 世纪 60 年代末之前为传统的经典研究阶段，20 世纪 70—80 年代进入了一个默默无闻的时期。1989 年东西方之间的“铁幕”垮台和 1991 年的苏联解体，打破了东西方之间的隔离状态。东西方边界之间的消融，为边界研究带来了新机。此后许多边界研究机构成立，相关书籍和文献大量涌现（图 2-1）。从 1990 年起，边界研究进入后现代复兴时期。

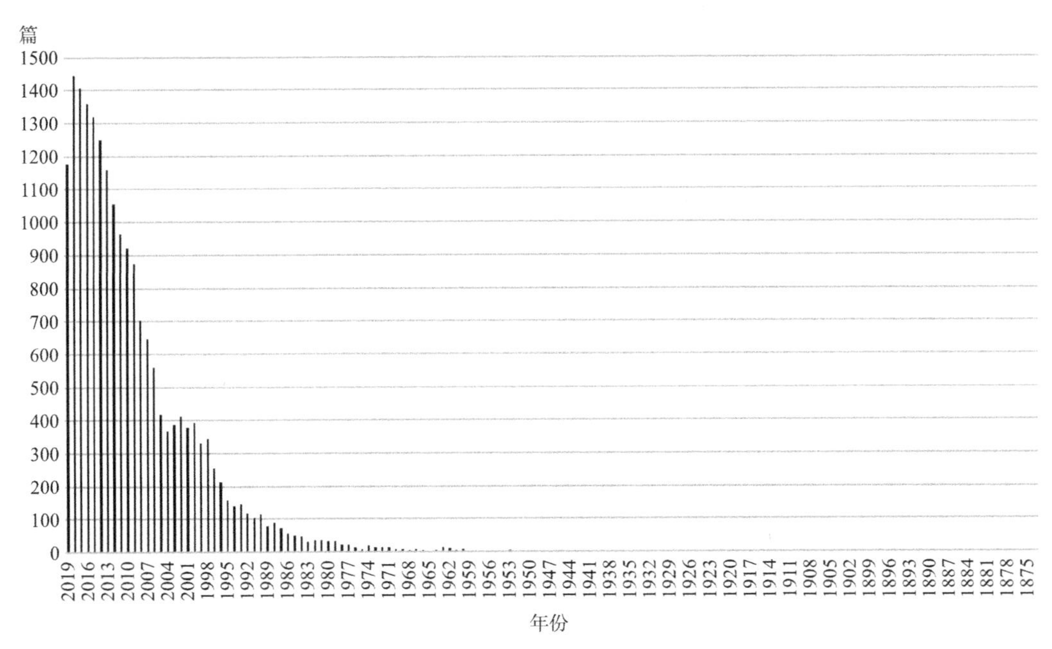

图 2-1　1945 年以来的边界研究发文数量

（来源：作者自绘）

2.2.1　经典边界研究阶段

边界最早起源于公元前 3—4 世纪的罗马帝国时期，罗马帝国根据空间的等级层次，即地域的不同规模和功能划定边界，组建帝国，包括定居点、城市、省份和区域（Anderson，1996）。中世纪测绘技术和制图学的发展使国家边界变得更为具体、准确和可视化，激发了地理学者对边界研究的热情，也促进了现代国家政治秩序的形成。欧洲 30 年战争结束时签订的《威斯特伐利亚和约》奠定了现代国家体系架构；此后经历了第一次和第二次世界大战，殖民地国家相继独立，主权国家不断出现，自此基本形成了现代国家体系。在这一历史进程中，边界逐渐发展为政治地理学的一个学科分支。

传统边界研究内容主要有 3 部分：一是边界研究最初作为一个研究领域，主要集中在边界的划定、位置（变更）、争议和政治历史进程等描述性研究中（Prescott，1965）。二是依据形态、特征和起源等对边界类型进行划分。如根据边界的位置，Lyde（1915）和 Holdich（1916）把边境区分为"好的"与"差的"，好的边界可以避免或减轻国家之间的冲突，而差的边界常常产生或者加剧国家之间的冲突。根据边界的起源，哈特向则把边界划分为"先成边界""后成边界"和"叠加边界"三种类型，先成边界是指先于人类居住而存在的边界；后成边界是指在人类聚居之后产生的边界；叠加边界是指强加在一个文化整体之上的边界（Hartshorne，1936）。此外部分学者把边界划分为人为的和自然的，进而从军事角度分析边界的伦理与道德，这种做法过分强调对战争时期或军队占领时期的边界争议和位置变更研究，而忽略了对和平时期的边界研究（Minghi，1963）。对于边界划分为人为和自然的分类法，在后现代边界研究中为学者所抛弃，主张一切边界都是人为的，边界是自然的观点受到否定。然而这一取舍导致后来的学者不再去分析边界的道德伦理，被认为是"在倒洗澡水的同时也扔掉了孩子"（Van Houtum，2005）。三是传统边界研究后期逐渐转向关注边界的功能分析，即关注跨境的联系与流动（Hartshorne，1950，Minghi，1963，Boggs，1940）。边境（Frontier）的概念从边界中区分出来，认为边境是受边界影响的边界邻近区域，具有外向性特征；而边界具有内向性特征，是中央权力有效控制的外部界限，表明中央权力的地理范围（Kristof，1959）。Spykman（1942）指出边界是理解国家间关系的关键领域。Jones（1943）认为跨境组织应具有缓解跨境紧张局势的功能作用。

传统阶段研究主要以技术性描述为主，主要有历史制图、分类、功能分析等方法（Kolossov，2005），为后来的边界复兴奠定了基础。然而，传统研究仅把国家边界理解为政治和历史进程中物质的和地理的产物，是一种静态的和决定论式的思维，存在一定的局限性（Newman，2006）。正是由于对边界的僵化理解，以及研究范围始终被限制在国家及其体系上，边界研究在20世纪70年代陷入了停滞不前的时期（Diener and Hagen，2009）。

2.2.2 20世纪90年代后边界研究复兴阶段

自1990年之后，边界研究进入了复兴时期，大量的边界研究机构、学术会议和论著不断出现。边界研究发文量逐年递增，自1990年起边界研究的年发文量突破100篇，2006年起年发文量突破300篇。截至2019年底，边界研究国家主要为美国、英国、澳大利亚、加拿大等西方国家，中国排名第6位，也成为边界研究的主要国家之一（图2-2）。

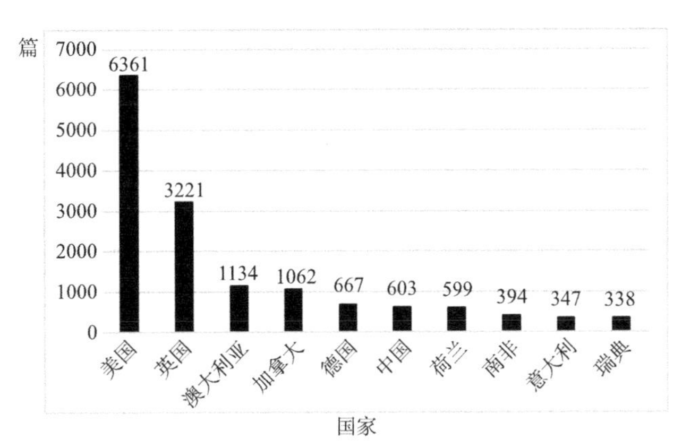

图2-2 边界研究十大发文国家

（来源：作者自绘）

从高共被引的热点文献来看，边界研究的理论探讨文献成为主要的高共被引文献（表2-1）。Wimmer（2013）年发表的《Ethnic boundary making：Institutions，power，networks》一书成为共引次数最高的文献。Amoore（2006）在《Political Geography》期刊发表的《Biometric borders：Governing mobilities in the war on terror》一文受到广泛的关注，尤其是在"911事件"之后，为应对恐怖主义，采用生物计量方法进行跨国流动性管理的研究受到众多学者的关注。

1990年以来边界研究高共被引文献 **表2-1**

序号	作者	标题	年份	期刊/出版单位
1	Wimmer A	Ethnic boundary making：Institutions，power，networks 种族边界的建立：机构，权力，网络	2013	Oxford University Press
2	Sassen S	Territory，authority，rights：From medieval to global assemblages 地域，权威，权利：从中世纪到全球聚集	2008	Princeton university press

续表

序号	作者	标题	年份	期刊 / 出版单位
3	Urry J	Mobilities: new perspectives on transport and society 流动性：关于运输和社会的新观点	2016	Routledge
4	Massey D	For space 保卫空间	2005	Sage
5	Mezzadra S	Border as Method, or, the Multiplication of Labor 边界作为方法还是劳动的增殖	2013	Duke University Press
6	Vertovec S	Transnationalism 跨国主义	2009	Routledge
7	Held D, Mc-Grew A, et al.	Global transformations: Politics, economics and culture 全球转型：政治，经济和文化	2000	Palgrave Macmillan
8	Brown W	Walled states, waning sovereignty 围墙国家，下降的主权	2010	Mit Press
9	Andersson R	Illegality, Inc.: Clandestine migration and the business of bordering Europe 违法有限公司：秘密移徙与欧洲边界化事务	2014	Univ of California Press
10	Amoore L	Biometric borders: Governing mobilities in the war on terror 生物计量的边界：反恐战争中的流动性管理	2006	Political geography

（来源：作者自绘）

边界研究主题总体上呈现繁多而分散的特征。通过 Citespace 分析一共生成 340 个聚类。如图 2-3 所示，剔除与边界研究相差较远的共现主题词如美国案例（American case）等，排名前 10 的共现主题词分别为领土陷阱（territorial trap）、无边界的世界（borderless world）、边境冲突（border struggle）、全球经济（global economy）、民族边界（ethnic boundaries）、做非凡的事情（doing extraordinary things）、混合治理（hybrid governance）、弹性规划（soft planning）、政治态度（political attitude）、城中村（urban village）。其中，领土陷阱是指边界研究陷入一种“领土陷阱”中，认为国家的领土和主权是固定的社会载体，其国家权力或主权仅限于国家边界所界定的国土范围中（Newman，2010）。做非凡的事情指不同的少数族裔在日常生活中采取的去污化策略等（Lamont and Mizrachi，2012）。混合治理是（非洲、欧洲等）国家在应对非法跨境贸易中所采取的混合治理措施（Meagher，2014）。弹性规划指欧盟领土融合政策所倡导的区域规划思想（Luukkonen and Moilanen，2012）。政治态度主要是研究毗邻国居民对彼此国家的态度评价及其影响因素，如加拿大居民对美国的政治态度和外交政策的评价等（Gravelle，2014）。城中村也是另一类边界研究的高共现主题词。

20 世纪 90 年代后，边界研究无论在实践还是在理论上都取得了巨大的发展。边界研究的复兴有现实和理论两方面原因。在现实中，全球化

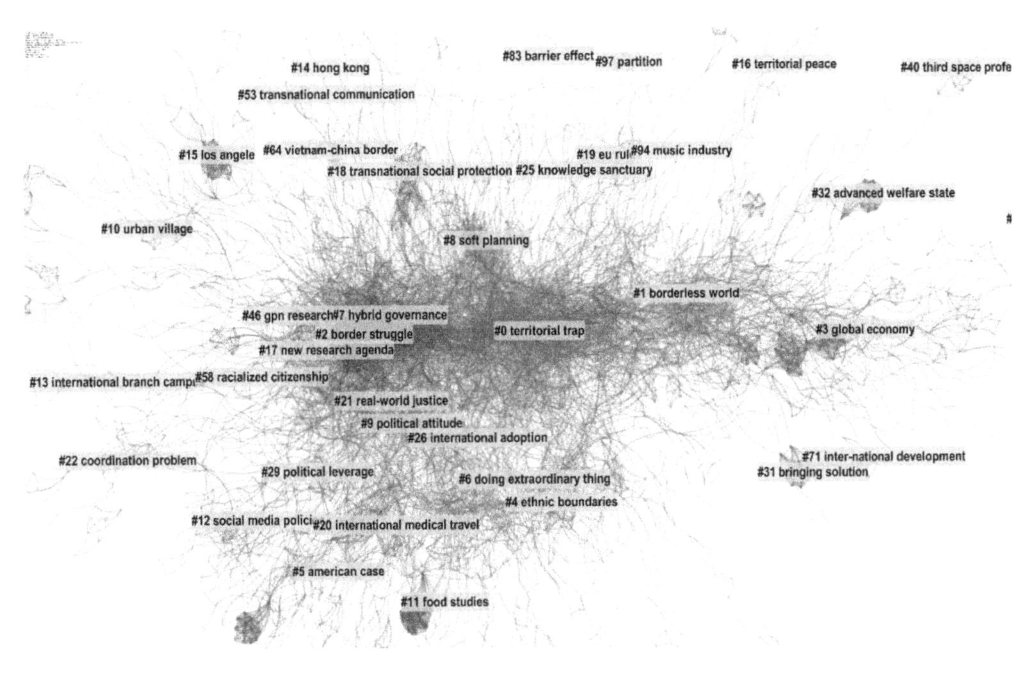

图 2-3　1990—2019 年边界研究的热点主题词

（来源：作者自绘）

带来的矛盾心理和疑惑吸引了学术界重新对边界研究的关注（Lechevalier and Wielgohs，2013）。柏林墙倒塌和冷战结束后，全球化进程加速，商品、创意、人员和资本都可以更容易地跨越国界流动。如欧盟、北美自由贸易区等新的经济、政治和文化合作空间正在建立。国家边界的屏障效应变得越来越弱，甚至逐渐消失，全球化纯粹主义者因此提出了一个“无国界”的世界（Ohmae，1990）或者“去领土化”的理论概念（Ohmae，1995，Caney，2005）。他们指出，国家和地区边界变得微不足道甚至濒临消亡。然而，边界的渗透性是不确定的。例如，感知到或真实存在的经济竞争、国际移民、多元文化主义和恐怖主义等都重新激活了国家排外的进程。在理论上，社会科学的后现代理论发展促进了边界研究的发展，对边界研究产生了深远的影响。泰勒（Taylor）的世界系统理论涉及空间和尺度的相互依赖性和连通性；吉登斯（Giddens）的结构理论强调了在结构约束下的行为者能动性；此外还有福柯（Foucault）（和他的追随者）对社会话语和空间社会建构的后现代观点（Kolossov，2005）。正是受全球化趋势和社会学理论发展的影响，边界研究在 20 世纪 90 年代后进入复兴时期。

2.2.3　边界研究复兴阶段的研究趋势与特征

总体上，边界研究在 20 世纪 90 年代后呈现以下几方面的特征。

1. 显著的学科交叉性和综合性

从 20 世纪 90 年代开始，边界研究吸引了地理学、政治学、国际关系学、社会学、人类学、历史学等众多学科的关注，他们不断寻求跨学科的综合并致力于创造共同的学术术语（Newman，2006a）。从边界研究的主要发文期刊来看，其范围涉及政治与地缘政治地理学、边界问题、可持续发展、种族与人类进化、公民身份和融合等内容。在人文地理学科内，边界不仅是政治地理学研究的传统内容，同时也是其他学科分支如经济地理学、文化地理学和区域地理学等的热点研究内容（图 2-4）。Newman 和 Paasi（1998）指出边界跨学科综合的 4 个主要议题：一是在国际关系学和批判地缘政治学中对不断深入的全球化导致的“去领土化”和“重领土化”的后结构主义讨论；二是在政治学、政治地理学、人类学和社会学中关于边界区分“我者”和“他者”，构建社会空间身份的讨论；三是国家社会化进程中对边界叙事或背景的讨论，认为边界不仅存在于社会权力、控制和管治的物质景观中，也存在于社会媒体、文献等文字景观中；四是边界在不同空间尺度的构建。在共同的学术话语构建中，例如身份（identity）一词通常与他人相对应，代指差异、包容与排斥、内部与外部等含义，是当前跨学科边界研究中形成的共同术语，为政治地理学家、国际关系学者、人类学家和语言学家等共同使用（Paasi，2011）。此外，例如去领土化和再领土化等术语也同样为众多学科所使用。

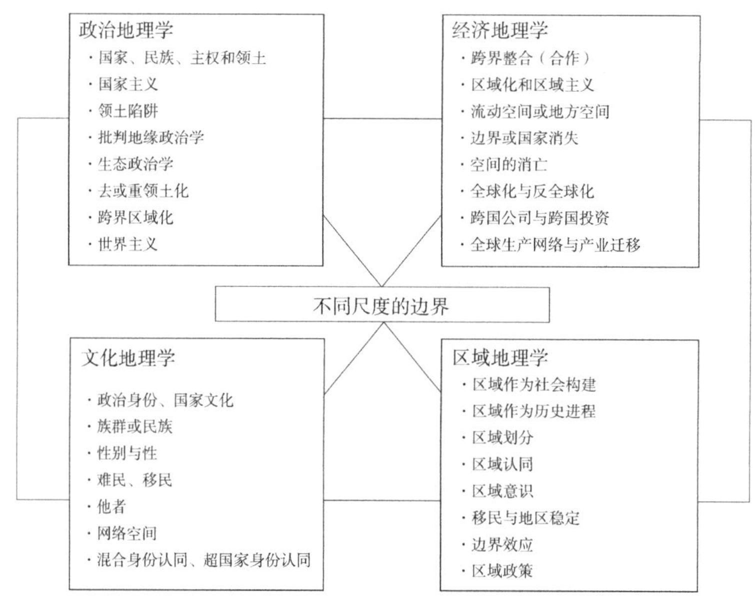

图 2-4　人文地理学学科分支对边界研究的主要内容

（来源：作者译自 Paasi（2005））

2. 边界研究的视角多样化

从研究主题的时间变化来看，边界管理、边境地区每天的日常生活实践、种族（群）边界、边界的方法论挑战等方面成为近期研究的热点主题词（图 2-5）。总体上，边界研究主要形成功能流、跨边界合作和人本分析三大流派（Van Houtum，2000）。作为传统的研究方法，功能分析法至今仍然受到大部分学者的追随。其主要以跨界联系流的不连续性为研究切入点，如对区域基础设施的密度和衔接、跨境的人流、物流、资本流等研究；其基本的假设是把空间视为均匀的、单一的物理抽象，边界作为人为障碍阻止了空间活动的连续性和自由流动，产生了空间的不连续和相互交换边际成本的增加（Nijkamp et al.，1990）。跨边界合作则是在全球化背景下，随着区域、国家和国际的合作不断加深，边境区被看作是跨境合作的试验场。跨境合作成为研究边界的一个主要切入点，如对克服边界障碍和促进区域合作的有效策略和政策，影响区域整合的经济、政治、社会和文化不对称性分析，区域经济合作的可能性与模式等进行研究。人本分析法则把边界看作是政治或社会的构建，认为边界是社会和个体生活中不可或缺的一部分，进而分析个体或群体参与边界实践的行为和态度，涉及边界的生产与再生产、认知、感知及边界对国家身份构建的影响等内容。

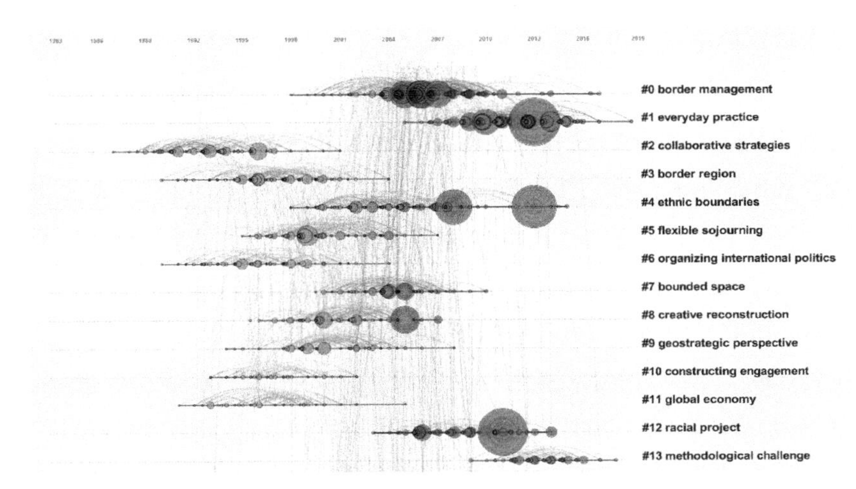

图 2-5　边界研究主题的时间变化

（来源：作者自绘）

除此三大流派外，根据不同的理论基础，边界研究有多种方法论。Paasi（2011）指出这些方法通常在不同的抽象层次上运用，并且可以用于不同的概念工具（例如国家、民族主义或身份理论）和在不同的空间尺度上使用。例如，对于一些政治经济学家来说，跨境资本的高度流动性以及控制这种有威胁的资本流动的可能性，通常迫使研究人员努力阐释资本主义不断变化的面貌以及不断变化的全球条件和资本积累战略（Sparke，2006）。对于那些对国家制度和外交政策精英力量感兴趣的研究者来说，他们常常选择外交政策文本、媒体空间文本和各种流行文本（如文字、图像、电影）进行分析。文本分析方法最初借鉴了由持不同政见的国际关系学者和批判地缘政治学者所推动的后结构主义思想，他们努力解构与有界的领土、流动的身份、变化的边界相关的特征（Tuathail and Toal，1996，Alker and Shapiro，1996，Campbell，1992）。因此，以国家日常生活及国家相互关系为特征的国家和政府边界绘制的相关实践和行为逐步受到了重视。

对于那些对日常生活中人们与边界和边境口岸相关的当地叙事感兴趣的研究人员来说，民族志、参与观察、深度访谈和叙事分析等方法是他们普遍的选择（Paasi，1996，Vila，2003）。他们基于参与式行动研究，可能会致力于弱化生活在不同地区社会群体之间的界限。例如，考虑国家或地区身份叙事的内容及其对交流的影响，并积极尝试改变现有的包容性和排他性的做法和话语（Paasi and Prokkola，2008）。

Anderson（1996）总结了边界的复杂性以及对其各个维度进行概念化的必要性。对他而言，就像今天的许多政治地理学家一样，边界不仅是地图上或国家之间的界限，而是为界定新出现的国家范围不可缺少的元素。一些学者将这种出现过程称为领土的制度化，它将诸如边界、符号和制度的形成等过程汇集在一起（Paasi，1996）。另外，我们还可以在这里添加一点，与领土一起制度化的还有地区的文化和象征意义。Anderson（1996）也将边界视为制度和过程。作为制度，它们由政治决策建立并受法律文本的管制。实际上，边界是基本的政治制度，在没有这些制度的情况下，复杂社会中没有任何被规则约束的经济、社会或政治生活可以组织起来。

3. 边界研究尺度向城市乃至社区等中微观尺度拓宽

边界形成于不同的空间尺度——从全球到国家，从地方到小尺度的社会空间活动（Newman，2006b）。边界在不同的空间尺度上起划分作用，相应的尺度在边界的构建过程中同样起到重要作用（Newman and Paasi，1998，Paasi，1996）。边界在当下的研究尺度正从全球、国家和区域层面转向城市和社区层面（Lundén and Zalamans，2001）。相比国家边界，在微观尺度上的边界更大程度决定了人们的生活实践，即使大部分人在一生中从未跨越过边界一次（Alvarez，1995）。因此，边界的研究尺度不断扩展，特别是近年来城市内部空间边界如城市居住空间边界、政治空间边界、商业空间边界、城市产业空间边界以及城市新旧之间边界等逐渐受到国际地理学者的关注（Iossifova，2013，Liao et al.，2018）。Sassen（2013）把城市看成是边境空间（frontier zones），认为城市是复杂的，是冲突和多样性元素的集合，国家疲于应对这些冲突，而城市蕴含着创造新事物与特性的可能性。Karaman 和 Islam（2012）认为城市内部边界存在市民追求“城市权”与“差异权”之间的矛盾特征。Iossifova（2009）以上海市为例研究了城市内部居住区之间不断模糊化的空间边界。Breitung（2011）以广州市为研究对象，提出城市内部空间边界存在政治、物质、社会空间、心理和功能五种类型。

4. 边界研究理论的缺失

对边界理论的探讨兴起于 20 世纪 80 年代后期，社会学科的世界系统理论、结构化理论和后结构主义观点等对边界理论探讨影响深远（Kolossov，2005），众多学者从不同的角度尝试构建边界理论。Anderson 和 O'Dowd（1999）认为领土权、全球化和历史变化是分析国家边界的三大维度。Newman（2003，2006b，2011）从边界演化的角度提出了划定、制度化、可渗透和边境区四个维度的理论范式；他认为任何边界是在一定的社会、经济和政治条件下划定（生产）的，转变为制度事实自我延续，再续存的过程并不是完全封闭的，而是可渗透或走向开放或重新封闭的，其空间结果是出现转型状态的边境区。边界既是障碍又是桥梁，同时也是一种资源和身份符号（O'Dowd，2002）。在类型上，国家边界可以分为地缘政治边界、功能边界和符号边界等类型（Ferrer-Gallardo，2008）。城市内部空间边界则可分为物理的、政治的、社会空间的、心理的和功能的五种类型（Breitung，2011）。边界类型的划分为理解“碎片化”的城市居住空间提供了多维度的理论视角。边界化和去边界化是一种相伴而生的进程（Rumford，2006）。Liao 等（2018）对城市空间内部去边界化与再边界化的动态进程进行了阐述与研究。

Brunet-Jailly（2005）依据吉登斯的结构化理论，提出了多层级政府治理、联系与交易流、地方团体政治影响和独特的地方文化四个维度的边境区融合理论。Konrad 和 Nicol（2009）完善其理论并提出身份认同的社会构建和重构应作为第 5 个维度受到关注。Ellebrecht（2013）拓展齐美尔的空间特性理论并应用于边界研究，认为边界空间具有排他性、分割性和划界性、临近性和距离感、固定性、流动性五个特征。

虽然众多学者对边界理论进行了探讨，然而至今尚未形成统一的、“放之四海皆准”的理论。学界一直受到以 Prescott（1987）为代表的“边界是独特的”理论的困惑。“边界是独特的”理论认为任何边界和边境区都是独一无二的，因此，很难从所有的边界中抽象出共性的理论。Etienne（1998）提出“边界无处不在”的理论，为边界研究向城市居住空间尺度延伸提供了理论基础。Paasi 和 Prokkola（2008）进而认为边界是社会权力背景景观中的一部分，不仅存在于国家的意识和物质景观中，也可能存在于地方中，如机场等。因此，一个单一的或普适性的理论容易违背边界涵义的变化性和多样性特征，“似乎是无论如何都难以实现，甚至是不受欢迎的”（Paasi，2011，p27）。虽然构建统一的边界理论存在困难甚至是不可能的，但是这一努力仍然在继续。

2.2.4 边界研究的不足

Minghi（1963）在对传统边界研究的评价中指出，边界研究当时仍处于起步阶段。尽管边界研究自 20 世纪 90 年代代初以来经历了复兴，并且出现了众多相关主题的出版物，但边界研究仍远未成熟。与其他社会学科相比，可以说，边界研究在今天仍处在初步阶段。传统阶段与后现代阶段边界研究之间最重要的区别在于，前者主要侧重于对具体案例的实证分析，多以问题解决为导向的研究；而后者则更加注重在特定的社会和政治背景下，如国家、地域、身份和种族等，对边界实证经验数据的反思、批判和理论化（Agnew，1996）。换言之，20 世纪 90 年代初期以来边界研究更多注重理论的构建和反思，而缺乏一个统一的边界理论。面对日益分散的边界研究主题和内容，政治地理学者开始重新思考边界研究的实体和尺度，反思哪里才是探索边界实践的最佳试验场，以及边界实践对当地产生了什么样的影响等一系列问题，不断找寻边界研究的内核。

边界是非常复杂的社会制度集合，存在于不同的空间尺度，并与一系列社会实践和背景联系在一起。正是这些社会实践和背景赋予了边界丰富的内涵。在当前边界研究视角不断延伸至区域、城市甚至是社区等中微观尺度时，城市微观尺度上的边界动态进程是如何发生的等问题仍有待更多的实证研究。因此，借鉴政治地理学的边界理论概念与视角研究城市内部边界是未来边界研究的一个重要方向，也是本书的主要研究方向。

2.3 中国居住边界区研究：封闭社区与城中村

边界、路径、区域、节点和地标构成了城市物质空间的五个重要组成要素（Lynch，1960）。以有形或无形的边界围合的飞地式居住区，如封闭社区、城中村等，是边界在城市中最直接的空间表征。城市被看成由相互独立的单元细胞与围墙组成的“防御性飞地”的集合（Caldeira，1996）。城市同一区域内常常存在不同收入群体的飞地式居住区，他们在空间上错落分布，亦或是相互临近但同时相互隔离，形成拼贴式的、破碎的居住空间形态，具有显著的“空间异质性”（Douglass et al.，2012，Wang et al.，2012a）。学者从不同的角度解读了这种社会空间现象的特征与内涵：一是从中国封闭社区与城中村在城市中盛行的现象出发，把其解读为“飞地城市主义”（Breitung，2012，He，2013，Qian，2014）；二是从城市基础设施的割裂现象出发，提出“破碎城市主义”的解释（Graham and Marvin，2001）；三是从社会隔离的角度出发，提出“分裂城市”的理论解释（Fainstein and Harloe，1992，Madrazo and Kempen，2012）。封闭社区与周边社区之间的关系研究为其中的一个重要分支。因此，下面将分别对封闭社区和城中村研究进行综述。

2.3.1 封闭社区

封闭社区（又称门禁社区）是一种世界性的现象，在北美洲的美国、加拿大，欧洲的英国、西班牙，南美洲的巴西、智利，非洲的南非，以及亚洲的新加坡、印度尼西亚等世界大部分国家普遍存在。封闭社区周边通常建有围墙或栅栏等设施，采用门禁系统进行围闭管理，其公共空间通常具有私人属性（Blakely and Snyder, 1997）。小区业主间通常签订共管协议，社区公共空间实现私有化，居住区道路受到围闭，限制公众的自由进入。居民之间建立“法定协议”是封闭社区的关键特征（Atkinson，Blandy，2005）。封闭社区物业管理的共管或物业协议等为居民提供共同的行为准则，并规定社区集体管理的义务。从城市规划设计的角度看，封闭社区的内部道路与城市道路相隔断是封闭社区的主要物理特征（Grant，2005）。因此，封闭社区是指那些在物理上通过墙和篱笆来限制非居民公众的进入，并在制度上通过建立社会契约来实现共同管理的社区。

封闭社区的围墙已经成为城市中引人注目的边界。Sassen（2013）认为封闭社区是一种新出现的边境空间功能，是城市内部以铁丝网构筑的边界化。她指出是全球企业资本使“我们的”城市变成这种以铁丝网构筑的边界化的一部分。人们普遍认为与30年前相比，现在的世界边界要少得多。然而，这只有当我们考虑资本、信息和特定群体的跨越国家边界时才成立。这意味着尽管国家边界在全球化和跨境流动日益增加的背景下其障碍功能正在减弱，但城市中的边界却正在迅速增长。“围墙”在中国的居住形态中具有悠久的历史，从唐宋时期的里坊制，清朝的故宫、乔家大院，到新中国成立之后的单位大院等，都涉及围墙（Wheatley，1971，Heng，1999，Knapp，2000）。1979年，东湖新村作为中国第一个封闭社区在广州破土而出。小区由港资投资并由香港规划师规划建设，采用周边式围合布局，这对后来的住宅规划建设产生了较大影响。在大多数研究中，封闭社区是指在1982年住房改革之后出现的“封闭式住宅小区”（Miao，2003）。当时住房改革的目标是将国家福利分房制度转变为以市场为导向的住房供应制度。在20世纪80年代，住宅建设仍然以单位制小区为主，封闭社区的发展处于起步期。20世纪90年代初迎来了封闭社区的建设大潮，诞生了中国第一大封闭社区——祈福新邨。随后几乎所有新建的商品房均采取封闭式管理，封闭社区成为当前大众普遍的居住形式。

受全球化和地方制度改革的影响，当代中国城市中不仅存在许多中小型的封闭式社区，而且存在“巨型封闭社区”和“外国人封闭社区”等现象（Wu and Webber，2004，Wang and Lau，2008）。Wehrhahn 和 Raposo（2006）创造了“伪封闭社区”一词来描述马德里和里斯本的封闭式居住社区，指这些社区的公众出入并没有受到合法的限制。换言之，虽然社区被建造成有院门和围墙的小区，但是保留了街道和绿地等公共空间的开放性，公众可以自由进入。公众的进入虽然遇到了象征私人领地的门禁符号，如大门、禁止进出的标语、围墙和保安人员等，但是他们进出并不受限制。同样地，上海的一项调查结果显示：大量的封闭社区实际上也是一种“伪”或“假”的门禁，尽管人们碰到了这些门禁的标志，但是他们的出入并没有被严格地限制（Yip，2012）。

封闭社区在世界上产生和扩散的原因可以从结构和行为者能动性两个角度来解释。从结构上说，在经济全球化和新自由主义的背景下，国家从住房基本服务供给中的不断退出为结构性诱因（Glasze，2005，Xu and Yang，2008，Roitman，2010）。封闭社区现象是在新自由主义的影响下，从单位制住房制度向住房货币化制度改制过程中，国家不断退出公共服务领域的结果。从行为者能动的角度来说，封闭社区满足了各类群体，包括居民、地方政府和房地产商的利益需求。从居民的角度来说，则主要有以下几个方面：一是“犯罪恐惧话语”理论，在城市犯罪频发的背景下，居民深受城市犯罪的困扰，居民对安全的需求成为居民选择封闭社区的首要原因（Davis，1992，Snyder，1997，Low，2001，Low，2003）。二是“俱乐部物品”理论（Webster，2002），居民具有享受高质量社区公共服务设施的强烈需求。封闭社区被视为一种“俱乐部物品”，因为其常配套有较为完善的公共服务设施，如小区绿化、游泳池、小区道路和广场等，实施围闭管理便于居民对社区公共服务设施进行排他性的共享。三是居民的市场偏好，如居民对身份和地位的追求。封闭社区的主要居住群体是中产及高收入阶层，一定程度上体现了居民的身份地位。四是居民对保障财产价值的需求，部分研究表明封闭社区有利于保障房屋不动产的价值（Le Goix and Vesselinov，2013）。

从供给侧的角度来说，封闭社区是地方政府推动当地房地产业发展的主要手段。封闭社区的公共服务设施由房地产商建设，减轻了当地政府配置公共服务资源的财政负担。地方政府试图扩大税基，促进城市增长（McKenzie，2005），但未能为居民提供有效数量的公共物品和服务（Foldvary，2006，Webster，2001）。规划师作为封闭社区生产的主要推动者，Liao 等（2019）从规划师的角度阐述了规划师对封闭社区生产的作用。对于房地产商而言，面对不断上涨的土地价格，开发商常以增加公共服务设施数量的形式换取高容积率，提高社区建筑密度，从而达到降低地块开发成本的目的（McKenzie，1994，McKenzie，2005）。此外，封闭社区便于营造社区环境，有利于商品房的营销。

中国封闭社区的蓬勃发展可以从两方面来解释。一方面，部分学者将封闭社区置于全球语境中，并基于西方国家语境形成的理论阐释中国的封闭社区现象。如 Wu（2005）和 Miao（2003）分别采用“俱乐部领域”理论和“犯罪恐惧话语”理论阐释了中国封闭社区的形成与发展。另一方面，部分学者从中国的社会、经济、政治和历史背景来阐释。封闭社区的设计常常采用美学和高标准的包装等策略来满足人们对声望、高质量的生活方式和独享消费的追求（Pow and Kong，2007）。例如，通常移植欧洲或北美的建筑风格，或迎合 1949 年以前我国的传统文化（Giroir，2006，Wu，2010）。Huang（2006）强调了我国集体主义的文化连续性和国家政治控制的影响；而 Pow（2007a；b）考虑城市和农村之间的“道德秩序”，并从增加家庭自治和个人自由的方面来阐释封闭社区的发展。Xu 和 Yang（2009）认为封闭式社区在城市中有着根深蒂固的历史设计渊源。Breitung（2012）区分了封闭社区的边界内涵，包括安全感、归属感、威望和地位的象征，以及“美好生活”的私人生产等。He（2013）则指出地方制度是一个封闭社区产生和发展的根本因素。

学者们激烈地讨论了封闭式社区的空间影响，其中一个关键的争论是关于封闭式社区的负面社会影响。国内外学者多从城市地理学的视角，如空间分异、社会隔离和排斥等进行研究。大多数研究认为，封闭式社区创造了排外的空间，限制了行动自由，加剧了居住隔离和社会分化（Snyder，1997，Low，2003，Caldeira，1996，Caldeira，2000，Gottdiener and Hutchison，2010，Roitman，2005，Goix，2005，Lemanski，2006，Vesselinov，2008，Vesselinov，2012）。Low（2001）认为封闭社区与社会隔离之间存在一个不断自我强化的循环。对安全的需求产生于城市犯罪背景下的不安全感，从而引发对“门禁”的需要。而“门禁”本身则导致了社区居民对社区外部群体的不信任和不熟悉，而这种不信任和不熟悉反过来又加剧了社区居民的不安全感。Goix（2005）指出在提供城市基础设施的公私伙伴合作关系的形式中，封闭式社区是一个有价值的收入来源，因为郊区化的成本由开发商和房屋购买者支付，这加剧了美国南加州的城市隔离。也有部分研究指出封闭社区的积极社会影响，比如，封闭社区的社会事务是自我管理的，而封闭社区内成立的业主委员会集中了中产阶级的力量，有利于促进公众的参与和民主决策的形成（Read，2008）。

国内的文献研究认为“门禁”也加剧了中国的城市社会隔离（Liu and Li，2010，Song and Zhu，2009）。封闭社区也被视为导致居住隔离和社会隔离的直接原因（宋伟轩 等，2017，宋伟轩，陈培阳，2013，张万录 等，2011，徐昀 等，2009，林晓群 等，2016）。学者对封闭社区的研究正从借鉴和评述国内外研究现状（刘晔，李志刚，2010，宋伟轩，2010，李培，2008，秦瑞英 等，2008），转向从多个角度分析封闭社区在国内形成与发展的原因（徐苗，2015，林雄斌 等，2013）。部分学者则探讨消除封闭社区负面效应的政府治理路径与规划应对措施（余侃华 等，2010，吴晓林，2018，廖开怀，蔡云楠，2018，徐苗，袁媛，2015）。

在我国城市发展的背景下，部分学者认为封闭社区加剧了社区之间邻里关系的淡漠，带来了社会隔离程度加剧、社会不公平和不利于和谐社会构建等负面的社会效应（林雄斌等，2013，宋伟轩，朱喜钢，2009，宋伟轩等，2010b）。部分研究也列举了封闭社区的积极的社会影响，如指出与居住在单位大院等其他类型的社区居民相比，居住在封闭社区的居民产生了更深的社区依恋感（Li et al.，2012）。

在更为宏观的尺度上，封闭社区带来的社会影响也包括居住空间分异现象。居住空间分异是城市内部边界在城市空间中的宏观社会效应。国内学者多从实证角度揭示中国社会空间结构分异的模式与特征（宋伟轩等，2010a，张文忠，刘旺，2002，张瑜等，2018，李志刚等，2014，王宏伟，2003，钟奕纯，冯健，2017，黄怡，2005）。

城市规划在门禁空间的产生和调控中起着举足轻重的作用。Grant（2005）指出，虽然加拿大城市规划系统已经开发了一些工具和措施来规范封闭社区建设，但它在应对封闭社区蓬勃发展带来的挑战方面的效果仍然是有限的。规划人员通常是矛盾的，因为尽管封闭社区有助于更高密度开发项目的获批，但与此同时，封闭社区又与道路连通和社会融合等同等重要的规划理念相冲突。在英国，地方政府甚至没有意识到这些新的城市居住形式的存在（Atkinson and Flint，2004）。在葡萄牙，为了遵守当地的规划法规和降低审批成本，城市规划部门经常采取将多个相互关联的建筑模型项目打包申请审批的策略（Cruz and Pinho，2009）。在澳大利亚，由于地方政府没有充分考虑封闭社区居民的长期利益，地方规划委员会曾做出拒绝封闭社区建设的决定，但最终被规划法庭推翻了（Goodman et al.，2010）。布宜诺斯艾利斯的一项经验分析表明，规划条例在应对门禁发展所带来的挑战方面是有缺陷的（Thuillier，2005）。事实上，世界大多数地区的规划当局没有采取有效的规划政策来应对城市新的发展形式；有些甚至没意识到他们的管辖地域存在“门禁社区”的现象（Cruz and Pinho，2009）。

在国内，自2016年中央出台逐步开放封闭小区的政策后，国内学者对居民去边化的意愿及规划措施进行了两个方面的研究。一方面是调查开放封闭社区的居民意愿（杨明志等，2018，史主生，2017），但多属于简单的问题和现象调查，未有深入的内容分析，更缺乏对相关原因与影响机制的探讨。另一方面是对比街区制研究开放封闭社区的措施和策略（郭磊贤，吴唯佳，2016）。廖开怀，蔡云楠（2018）借鉴巴塞罗那“大街区”规划的理念与做法，探讨了街区制与封闭社区的不同特征及其对城市空间的影响，并为逐步开放封闭小区提供了一种规划设计参考方案。

2.3.2 城中村

英文的Urban village（城中村）一词由德国学者甘斯最早提出来，他用“城中村”一词来描述少数民族移民迁居的城市环境，他们试图“使自己的非城市制度和文化与城市环境相适应”（Gans，1962）。20世纪80年代末，英国的城市规划人员把城中村作为一种规划手段，指在城市背景下创造的具有田园风光和土地混合使用的可持续社区（Aldous，1992，Murray，2004，Franklin and Tait，2002）。本书研究的城中村，与西方城市规划概念中的城中村有所区别，也不同于北京的“浙江村”——由浙江移民占据的移民村——的概念（Chung，2010）。本书研究的城中村是指被城市建成区包围的、其土地仍然属于集体所有的村庄（Zhang et al.，2003，Tian，2008，He et al.，2010）。城中村是我国的一个典型现象，在我国众多城市中存在，如广州、深圳、北京、上海、哈尔滨和昆明等。

在《中华人民共和国城乡规划法》出台之前，城中村一直是政府治理的真空地带。在很长的一段时间里，城市规划的法定效力不包括农村地区，直到2008年《中华人民共和国城乡规划法》的颁布实施，广大的农村才被纳入城市规划的编制与管理范围。由于缺乏规划的约束和监管，城中村的原住民在宅基地房屋建设中，不断提高房屋容积率和建筑密度，将自己未来的房屋租金收入最大化（Song et al.，2008）。这种寻租行为导致城中村房屋建设密度过高，道路狭窄，不符合消防安全要求。混乱的土地使用、破旧的环境、高密度的住房和犯罪的频发等是城中村存在的普遍问题。

城中村作为一种非正式的聚落，与西方国家的贫民区或棚户区有一定的相似之处，也有自身的社会经济结构和土地利用特征。城中村主要居住着从农村迁移到城市的流动人口和土地被征用后脱离了农业活动的原住民（村民）两大群体。城中村的房屋租金普遍比城市正规的商品房租金低，因此集聚了众多的流动人口。失地后的原住民则基本是洗脚上楼，不再种地，而改为"种房子"，利用宅基地建房出租，收取租金。据相关研究估计，全国1.2亿的进城民工中，有0.6亿民工住在5万个城中村中（陶然，汪晖，2010）。

从城中村的区位来界定，李立勋（2001）把城中村划分为成熟的（近中心区）、扩展中的（中心区外）、形成中的（建城区外、规划区内）三种类型。李培林（2002）将城中村分为处于繁华市区且已经完全没有农用地的村落，处于市区周边但还有少量农用地的村落，处于城市远郊且还有较多农用地的村落三种类型。张建明（2003）根据城中村的资源优势，以广州天河区和海珠区的44条城中村为实证案例，把大城市中心区的城中村划分为基础设施优越型、集体经济实力型、土地资源充足型三种类型。吴智刚和周素红（2005）以城中村建设用地占总用地的比例为依据，将广州市城中村分为典型城中村、转型中城中村和边缘城中村三种类型。

研究城中村的文献主要为中文文献，英文文献相对较少。在英文文献中，部分学者对城中村的社会结构进行了描述，并阐释了城中村的空间分布（Liu et al.，2010，Zhang，2001，Hao et al.，2013）。Zhang等（2003）和Song等（2008）研究了城中村作为低收入农村移民保障房的社会影响。Wu等（2013）阐释了在城市再开发政策下，城中村非正规性的生产和再生产的基本原理。Tian（2008）从产权的角度分析了城中村的优点和问题，指出集体产权制度改革对城中村更新改造的重要性。He等（2010）从制度的角度阐释了城中村的分层和住房分异，指出户口制度、土地利用制度、住房供给制度和村庄治理对城中村的形成都有很强的影响力。Chung 和 Zhou（2011）则批评地方政府在推出城中村再开发政策时没有考虑多元群体的利益。

2.3.3 封闭社区与城中村的综合研究

封闭社区和城中村常常被视为两个独立的研究对象，各自受到众多学者的关注。近来，部分学者开始将其看成同一类型的研究对象进行综合分析。综合研究的脉络有两条：一是认为这两种类型的社区是飞地城市主义的空间表现，是城市居住飞地的不同形式，并通过社会、经济和政治话语来解释它们。He（2013）以广州市为例，用历史的方法解释我国门禁的演变及其当代意义。Qian（2014）认为，我国的飞地城市主义不仅是中国传统文化的延续，也是当代社会、经济和政治话语的结果。二是根据实证数据分析两个邻近的不同飞地之间可能存在的社会和经济联系。相关的实证问题是回答封闭社区是否加剧与周边邻里（尤其是穷人区）之间的隔离和排斥。在不同的社会背景下，相应的实证结果也不同。早期的实证研究表明不同群体居住空间的临近加剧了围墙内外居住群体的冲突与紧张关系（Lemanski，2006）。Roitman（2005）和 Lemanski（2006）的研究认为在阿根廷和南非尽管封闭社区与周边（穷人）社区毗邻，但双方（社区里面与外面的人）都能感受到来自对方的歧视与排斥。彼此邻近不仅没有增进富人与穷人之间的社会理解，反而加剧了彼此社会关系的紧张度。部分学者则认为封闭社区的围墙并非不可渗透，而是存在边界融合现象。智利和英国等国家的实证研究表明，正是由于封闭社区围墙的存在，使得富人群体愿意与穷人毗邻居住，这种居住的空间邻近性促进了富人群体对穷人阶层的理解与包容（Manzi and Bowers，2005，Salcedo and Torres，2004），封闭社区与周边群体之间存在功能与符号层面的联系与融合（Sabatini and Salcedo，2007）。即使是在高度居住隔离的泰国首都曼谷，比邻居住的高收入阶层与低收入阶层之间也存在着一定的社会接触与联系（Wissink and Hazelzet，2016）。南非开普敦的实证研究表明，跨越种族和阶级的社会接触在城市中确实发生，并有可能挑战特权居民重新考虑他们对穷人的刻板印象。因此，呼吁在飞地城市研究中需要更多的、更深刻的不同社会背景下的实证研究（Schuermans，2016）。Ruiz-Tagle（2013）认为社会空间的融合是一种既可以发生在不同规模尺度上也可以发生在独立尺度的多维关系，其不仅包括不同群体之间物理距离的邻近，还包括同等的机会可获得性、社会交互和共同身份认同等维度层面。

在边界融合研究方面，国内学者提出社会空间融合包括物理空间与社会关系两个维度（沈洁，罗翔，2015），并通过实证阐述了空间边界融合的进程和内涵。在对广州市的实证研究中发现封闭社区与周边村落居民之间存在一定程度上的社会联系（封丹等，2011），而且封闭社区与周边村落居民对家的构建采取了不同的策略（Feng et al.,2014）。Breitung（2012）认为中国居民因追求安全感、归属感、身份地位以及优美的居住环境等原因，封闭社区“里面的人”有强烈的愿望与“外面的人”分开，然而后者对此却表现出很大程度的包容和接受。Iossifova（2015）以上海市两个邻近的飞地居住区之间的交往区域为研究对象，通过定性研究指出居民的日常生活实践不断模糊化边界空间，并呼吁学者关注边界城市主义。Liao等（2018）拓展边界作为一种进程的理论概念，将封闭社区居民与周边住区居民之间的边界实践界定为一种去边界化和再边界化的动态进程，并通过广州祈福新邨及其相邻村落的典型案例研究，构建了跨界流动性、跨界社会网络关系、跨界身份符号三个维度的边界进程理论范式。杨昌鸣等（2013）将混合居住理论应用于即有住区更新研究中，提出了城市边缘区毗邻隔离住区的概念。郑九州等（2018）探讨了这种毗邻隔离住区的融合发展策略。

2.4 研究评述

本章分别梳理了政治地理学的边界研究和城市地理学的封闭社区和城中村等城市内部空间边界研究。总体上，边界研究在理论上和实践上都得到了极大的发展，学者开始注重多学科的综合，特别是逐渐发现城市内部边界的价值，并试图利用政治地理学的边界相关理论和概念分析城市问题，推进学科之间的交叉和融合。然而，当前研究的主要存在以下特征与不足。

一是尽管边界研究强调边界的多尺度性，但政治地理学的学者大多关注国家边界和区域边界，对城市尺度上的边界，如城市内部的居住边界，关注较少。边界研究具有很强的学科交叉与综合的特点，尤其是对于国家边界理论的探讨与构建，以综合多学科理论知识的方式，发展基于地方背景的理论解释，进而回答国家或地区边界实践或进程内涵是什么的问题。与此同时，许多城市地理学的边界研究总体上选择了飞地城市主义的视角，并从具体的社会影响角度进行了详细分析。但是，这些研究往往忽略了城市内部空间边界可能存在的学科交叉性研究。城市和社区层面的边界与国家边界有许多相似之处。国家边界理论的一般原理和理论可以促进我们对微观尺度的边界分析。虽然现有的边界理论不是从居住区边界的研究中产生，但是居住区边界和国家边界可以共享一些共同的原则和概念，比如关于边界的边界化、去边界化和再边界化的动态进程理论，可以帮助我们理解和解释居住区边界。相应地，对微观尺度边界的实证研究同样可以为宏观尺度的边界理论构建提供有利的参考。因此，边界研究学不仅要关注国家边界，而且要关注微观尺度的边界研究。

二是对边界现象认识的理论反思不足。相比传统边界研究，后现代边界研究更多注重理论的构建和反思，缺乏统一的边界理论。边界理论的构建存在两方面误区。一方面是部分边界理论过于一般化和笼统，对具体现象缺乏强力的解释。Vila（2003）评论美国学者把边界看作一种比喻，研究主题超越了"美国—墨西哥"的边界，把任何空间的和非空间的限制都比喻成边界。因此，构建的边界理论过于一般化，以至于在边界另一侧的墨西哥学者抱怨这些理论与他们所感受到的边界相差较远。另一方面是边界理论过于具体，其理论只是特定背景下的特定解释。关于"美国—墨西哥"边界，特别是涉及边界动态变化的理论，难以融入更广阔的社会理论中（Ackleson，2003）。Paasi（2009）认为部分基于欧洲国家边界构建的理论框架，仅仅是特定社会、经济和文化背景下的特定解释，缺乏一般性的解释力量。

对于边界进程的研究同样缺乏一个综合性的理论（Newman 2003b）。一方面，Newman（2006b）和 Van Houtum（2005）提出边界作为动态进程的概念；Albert 和 Brock（1996），Stetter（2005）和 Sendhardt（2013）提出去边界化和重边界化的多维度进程理论。上述理论提供了多维度分析边界进程的视角，重点解决什么是边界化、去边界化和再边界化进程，以及这一进程是怎么样的问题。然而，更难解答的是这一进程是如何发生的问题。另一方面，Brunet-Jailly（2011）的边界建构主义理论，虽然为回答边界进程是如何发生的问题提供了一个"结构—能动"二元分析的视角，然而，该理论侧重于理论化去边界化进程，对于再边界化进程，特别是排他性问题关注不足。因此，在研究边界动态进程和机理时，有必要将相关理论概念综合到一个统一的研究框架中。

三是学者对居住边界区的研究主要解答的是封闭社区是否导致居住隔离等负面社会效应的问题，少有把边界视为动态的进程进行研究。边界不仅界定和加强了领土权力和所有权，而且还指示了与外部世界建立接触和关系的可能性。从边界和边境区的角度来研究相邻的封闭社区和城中村，可以将其视为一个整体，而把分隔他们的边界视为一个进程。然而，将相邻的两个飞地视为一个整体的实证研究不多。特别是对于城市内部边界进程是怎么样的，如何发生的，其影响因素有哪些等问题，有待进一步加强实证研究和理论探讨。

因此，本书主要借鉴政治地理学的边界理论概念与视角，与现有城市地理学相关理论结合，把居住区边界视为一个动态进程，对城市内部空间边界进行较为系统的研究，探索和发掘城市边界动态进程的内涵和特征，以及其发生的内在机理。下一章主要构建理论研究框架。

3　理论框架

本章主要运用国家边界的理论概念，并结合城市地理学的相关理论构建居住边界区现象研究的理论框架。其中，吉登斯的结构化理论在边界研究中具有重要意义，并对国家边界的研究产生了重大影响。结构化理论提供了从能动和结构两个维度理解边界的方法。国家边界的理论概念包括边界作为动态进程和作为社会建构的概念。本章将综合结构化理论、边界理论概念和城市地理学相关理论，通过理论演绎和实证归纳相结合的方法，构建有助于揭示居住区去边界化和再边界化进程的理论框架，拓展和丰富现有理论。

3.1　边界与边境区的社会构建

3.1.1　结构化理论

吉登斯（Giddens）在其著名的《社会的构成》一书中提出了结构化理论。该书表达了社会事实由能动和结构组成的观点（Giddens，1984）。吉登斯的结构化理论源于对古典社会理论、个人主义理论和结构功能主义理论的融合和折中（Lippuner and Werlen，2009）。解释（社会）学的理论流派主要分为个人主义理论及结构功能主义理论。前者强调行为者的知识和经验以及人们用它们改进社会世界的方式，过分强调人的行动及其意义。在社会现象的解释中强调行动者的主观性和能动性，认为行动者可以进行创造性的实践活动而不受社会结构的制约。而结构功能主义理论则过于强调结构，认为社会制度和规范等结构力量塑造了个人行为。在社会现象解释中强调社会结构的客观性和制约性，认为社会结构以强制性的力量迫使个体服从社会规范。与这两个理论流派不同，结构化理论采取两者的中间立场，更为辩证地看待社会结构与个人行为之间的关系，强调能动和结构的二重性。

吉登斯的结构化理论认为行为主体的行动以社会结构为条件，而行为主体行动的结果又使社会结构再生产，这种再生产的过程被称为结构化（Giddens，1984）。行为主体的行动被理解为是“一个长时间持续不断的行为流”（Giddens，1984），而不是一系列“行为”的组合。社会是通过社会行动产生的。吉登斯指出，人在微观层面的活动与动机、实践意识、反思性、权力等相联系，体现了行为者的主体性、生成性和能动性。因此，“能动”理解为个体或集体的活动以及他们的意图、动机、信仰和如何塑造社会生活的价值观。

在结构化理论中，个体被认为是主动的、具有知识的、有反思能力的行为主体，他们在社会实践中具有无意识（unconsciousness）、实践意识（practical consciousness）和话语意识（discursive consciousness）三个层次（Giddens，1984）。无意识是指行动者在控制行动方面的潜意识，是行为者除自我意识之外，激发行动动机的原动力。实践意识是行为者在社会生活的具体情境中，无法（或无须）言明就知道如何进行的意识。它是介于无意识和话语意识之间的“只做不说的”意识。话语意识是指所采取行动的动机可以用语言表达。换句话说，实践意识是指行为者对不能（或无须）用语言表达的行为的隐含理解。这种意识分层适用于不同的行动层次，包括动机、合理化和反思性监控。行动源于理性或动机，其中理性是行动的源泉，动机促进行动。当行为者实施某项行动时，他们会自发使其合理化，以便其他人能够识别和遵循。在这个过程中，行为者不断监视自身行为，并在社会背景或结构中将他们的意图合理化。如果一个行为偏离了行为者的意图并且没有达到预期结果，那么行为者具有调整行为策略的变革能力。这种变革能力意味着该能动在逻辑上与权力变化过程相关联，即行为者能够改变或影响过程或情境（Giddens，1984）。

结构既限制行为者的行为，又是（重新组织）生产行为者日常活动的媒介和结果。换句话说，社会系统通过结构影响行为者的行为，而结构又是他们行为的结果。结构先在人们的记忆中存在，逐渐在社会行动和话语中被实体化，最终产生并制约行为者的行为（Haugaard，1997）。结构可以理解为社会的结构流程框架，体现为人的行动的外在之物，对主体的自由或能动性产生某种制约（张云鹏，2005）。

结构由规则和资源组成。规则和资源是指“在社会实践的实施及再生产活动中运用的技术，并且是社会再生产的媒介”（Giddens，1984）。规则是一般化的行动程序，并提供日常活动的方法或技术。大多数规则都存在于实践意识中。规则使行为者能够生产和再生产他们的行为，同时塑造行动。换句话说，规则在行动中起着管制和构成作用。资源不是指某个状态，也不是指自然资源或原材料，而是指对权威和配置的变革能力。资源包括两种类型，一种是“配置性资源”，指对物体、商品或物质现象产生控制的能力，以引导自然资源的分配和使用；另一种是“权威性资源”，指对行动者产生控制的各类转换能力（谢立中，2019）。

吉登斯的“结构—能动”二重性视角更为中立和接近社会事实，为分析社会现象提供了理论方法。Dyck 和 Kearns（2006）指出“结构—能动”视角通过强调个体在社会实践再生产中的知识与能动性，指导学者从行为者个体自身条件、与其他行为者之间的权力关系及社会结构等方面阐述社会现象发生的机制，可以使实证研究更为科学合理，有利于增强实证分析的解释力。因此，“对（行动的或）实践和结构条件的分析可以被视为社会研究的两个兼容的概念”（Lippuner and Werlen，2009）。本书视结构能动理论为理论基础，后文将在此理论基础上发展用于分析城市内部空间边界的理论框架。

3.1.2 结构化理论对国家边界研究的影响

吉登斯的“结构—能动”视角对国内外学者研究城市内部空间结构与边界进程产生了较大的影响。结构化理论提供了一种解释性的方法，指导学者从社会结构和多行为主体的能动性两个方面阐述事物发生的机制。布吕内 - 雅利依据吉登斯的“结构—能动”理论，提出了市场力量与联系流、政府管治、边界社区的独特文化和地方团体的政治影响四个维度相互作用和促进的边界融合理论（Brunet-Jailly, 2005）。此后，该理论在中国与印度、印度与孟加拉国、美国与加拿大等国家边界的实证研究中得到了拓展与完善（Banerjee and Chen，2013，Konrad and Nicol，2011）。

布吕内 - 雅利的理论认为，结构性力量既支持又限制个人的行动。结构性力量主要包括两点：一是各级政府的政策活动中涉及跨越国界的通用治理和特定任务治理。通用（一般性）治理是指国家、省和地方政府的垂直互动，特定任务治理则是指公共和私营部门之间的横向水平互动；二是市场力量和联系流，指跨越国界和边界的货物、人员和投资流动。而能动力量意味着行为者的主动性及其塑造社会结构的行为。其中包括边界社区（社会团体）的政治影响力，如地方关系、地方政策网络、地方政策社区、当地跨境机构、非政府组织等，以及边界社区的独特跨境文化，如归属感、饮食文化、社会经济背景和共同语言等。

布吕内 - 雅利认为，所有这 4 个维度的分析视角都表现出错综复杂的相互作用，导致边界地区的经济、政治和文化融合。Konrad 和 Nicol

（2008）将身份的社会建构和重建维度整合到布吕内-雅利的国家边界理论中（Konrad and Nicol，2008）。这种理论概念对我们研究和理解城市边界很有用，是一种社会建构主义，认为边界是社会建构的。根据布吕内-雅利的观点，边界是“在背景性和结构性因素的约束和限制下（结构），通过人与人之间行为的持续互动和交叉而产生的（能动性）”（Brunet-Jailly，2011）。然而，布吕内-雅利的边界建构主义理论，虽然为回答“边界进程是如何发生的”这一问题提供了一个“结构—能动”二元分析的视角，但该理论仍然侧重于理论化去边界化的进程；对于再边界化的进程，特别是对边界排他性问题的关注不足。因此，在研究边界动态进程和机理时，有必要将相关的理论概念统一到研究框架中。

3.2 边界动态进程：去边界化和再边界化

3.2.1 去边界化和再边界化

边界动态进程包括边界化、去边界化和再边界化。目前关于边界动态进程的研究主要是在国家边界的尺度上展开。Newman（2006b）认为边界应被视为是一个进程而不是一条固定不变的线，边界进程创造并延续边界（Newman，2006b）。边界化被理解为是边界的创建或划定。再边界化是边界化应对去边界化的响应和延续。然而，边界的划定并不应该简单地理解为“在地图上绘制一条边界线，或是在物质景观中设立的栅栏或围墙”（Newman，2006）；而应理解为动态的社会进程。去边界化和再边界化的进程同时发生（Rumford，2006）。去边界化和再边界化的同时进行并不矛盾。正如Albert和Brock（1996）所定义的，“国家边界的去边界化进程被理解为（领土）边界越来越具有渗透性，同时，国家企图将自己封闭起来对抗这种趋势的能力正在下降”，再边界化则是“在全球化框架下发生的现象，是应对全球化进程中发生的去边界化而采取的特别行动。从这个角度来看，划界（再边界化）首先是规范（或管制）全球化进程的方式，而不是遏制全球化的进程”（Albert and Brock，1996）。因此，去边界化和再边界化是自我调节的循环进程，由能动主体（即移民、国家）和结构（即全球化趋势）之间的权力关系共同决定。

为了理论化居住边界区的边界化进程，有必要对比宏观的国家边界和微观的居住区边界（封闭社区）的异同。两者有两个不同之处：一是国家主体（中央政府）在国家边界的创建和延续中占主导地位，而开发商和居民等非国家主体在居住区的边界创建和延续中占主导地位；二是在人们的日常生活中，微观层面的边界大多情况下比国界重要，因为人们每天都在跨越和体验城市居住区边界，而他们可能一生中都没有跨越过国家边界（Alvarez，1995，Newman，2006b）。因此，有必要深入到微观的居住区边界尺度去探究边界进程是如何发生的以及其机制是如何运行的问题。

国界和居住区边界也有许多相似之处，例如，两者都指示地域的所有权和管辖权。Newman（2003a）认为："无论边界是在哪一个尺度，其对所圈定的人的行为模式的功能影响是相同的。"这些相似之处使得国家边界理论的一般原则能够运用到对居住区边界的分析中。更具体地说，去边界化和再边界化的理论概念可以同时适用于国家边界和居住区边界的理论。尽管起初边界进程理论并不是从微观尺度的边界中归纳总结而来，但是国家边界理论有助于对其进行分析。因此，本研究选择国家边界理论作为理解城市内部结构和状况的手段之一。

在居住区边界的尺度上，去边界化和再边界化进程同样与功能和结构之间的角力有关。也就是说，去边界化和再边界化的动态变化是结构和能动相互作用的结果。去边界化进程使居住区边界更有弹性和渗透性，而再边界化进程使居住区边界更坚硬和难以渗透。吉登斯认为国家就如一个权力的容器，其中权力被理解为结构和能动之间的权力关系（Giddens，1984）。具体来说，这里的权力是指行为者与外部力量和自身结构条件进行抗争的能力，特别是对先前存在的边界所施加的限制与约束进行抗争和协商。因此，居住区的边界依据行为者的能力而被不断的重构和解构。

与此类似，居住区边界的去边界化进程是指（物理）边界的渗透性越来越大，例如人们更加容易地跨越封闭社区的边界。去边界化也指相关精英阶层（例如封闭社区的居民、开发商和地方政府）试图封闭自己的社区来抵制这种趋势的能力在减弱。再边界化是边界划定过程的延续，是对去边界化进程的响应。换句话说，它是精英阶层们为了维系边界并保持原有秩序而对去边界化做出的反应。

边界的内涵具有众多的维度。学者们逐渐认识到边界具有如此丰富的内涵以至于不可能将它们全部纳入到一个单一、统一的概念中。因此，需要采取一种维度寻找的方法（Bauder，2011）。很多文献都区分了不同维度（类型）的边界（O'Dowd，2002，Anderson，2001，Donnan and M.Wilson，1999，Anderson et al.，2003，Anderson and O'Dowd，1999）。Anderson（2001）区分政治和社会的边界。O'Dowd（2002）基于欧洲边界实证研究，提出了边界具有屏障、桥梁、资源和符号的内涵类型。一个经典的边界分类是哈特向（1936）把边界划分为"先成边界"、"后成边界"和"叠加边界"三种类型，先成边界是指先于人类居住而存在的边界；后成边界是指在人类聚居之后产生的边界；叠加边界是指强加在一个文化整体上的边界（Hartshorne，1936）。哈特向指出无论这些边界是如何起源的，空间边界都在边境区的文化结构中“根深蒂固”。从封闭社区居民的角度来看，封闭社区的栅栏和围墙是由开发商建设的“先成边界”，即在封闭社区居民尚未入住时就已经开发建设好了。城中村中的原住民和外来流动人口间的无形边界则是“后成边界”。但在城中村附近建设的封闭社区边界，对于村民来说，是一种叠加的边界。

边界具有多种类型和维度，同样地，边界化动态进程——去边界化和再边界化——也具有不同的维度（Stetter，2005，Bonacker，2007，Ferrer-Gallardo，2008）。Ferrer-Gallardo（2008）认为边界的再边界化进程具有地缘政治、功能和符号三个维度。Stetter（2005）和 Bonacker（2007）提出了边界动态进程具有领域、功能和符号三个维度。领域维度的边界是指“区分国家或者区域，首先而且最主要服务于控制、指示职权范围和划分管辖权的工具”（Sendhardt 2013：27 引自 Bonacker 2006：81）（Sendhardt，2013，Bonacker，2006）。领域边界一般指领土主权和地域占有权范围。功能边界“区分不同的功能系统，如政治、法律、科学、经济、体育爱好和其他健康系统”（Stetter，2005）。符号边界则主要构建身份意识并区分“我者”和“他者”（Stetter，2005）。

关于国家边界上的去边界化和再边界化的多维辩论对于研究居住区边界是有益的。然而，对微观尺度的居住区边界发生的去边界化和再边界化的进程分析既不应与社会结构和社会背景相脱离，也不应局限于地域、功能和符号三个维度。关于城市内部边界，Breitung（2011）指出了其包括物理空间、政治、社会空间、心理和功能五个维度。物理边界即为人为划分的界限；政治边界区分不同制度和司法管辖权的政治和行政区；社会空间边界是社会经济和社会文化的分界线；心理边界在人们的想法中体现，区分具有不同空间身份和归属感的人群；功能边界是作为不同联系流的过滤器。这些方面为城市内边界研究提供了有益的方法。然而，并非所有维度对居住边界区分析都同等重要。

在社会融合研究中，Sabatini 和 Salcedo（2007）构建了包括功能流、符号和社区融合三个维度的研究框架来分析中产阶级居住的封闭社区与毗邻的低收入社区之间的社会融合。功能融合是指两类社区之间的权力和金钱等的功能联系与交换，包括低收入社区居民参与市场活动、政治活动以及获得城市基本设施和服务的程度。符号融合是指两类社区的居民对其居住地的依附（恋）程度。社区融合是指两个邻近社区居民之间社会网络和关系的形成。虽然作者没有明确地将其描述为边界化进程，但封闭社区与毗邻的低收入社区之间不同程度的融合进程实际上代表了去边界化的过程。Ruiz-tagle（2013）提出物理距离的接近、同等的机会可获得性、社会交互和共同身份认同四个维度的社会融合理论。

因此，在边界演化的维度分析方面，由于社会网络作为构成城市日常生活的主要方面，与邻近社区的交流与交往已经成为居民社会网络构建的途径之一（Hazelzet and Wissink，2012）。相邻社区之间社会网络的形成，是边界渗透性最深层次的体现（Sabatini and Salcedo，2007）。因此，居住边界区的边界动态进程分析中需从功能流、符号和社会网络三个维度展开。

3.2.2 功能流维度

边界的功能流维度将不同的功能系统分开，并作为各种联系流的过滤器（Breitung，2011，Stetter，2005）。功能流一般包括物质流、人口流、能量流和信息流等。传统的功能分析方法特别关注跨境的联系流动。边界并不总是完全封闭的，而是同时作为障碍和桥梁将边界两侧的群体联系起来。功能维度的边界像细胞薄膜一样具有“选择性渗透”和“差异化过滤”功能（Anderson，2001），即边界既发挥屏障作用又具有中介的功能。Nevins（2002）指出国家边界管制致力于“最大限度地获得全球化带来的利益，但同时管制与防范全球化跨国流动带来的威胁和危害”。一方面对某些有益的功能流，如商品、物流、服务和资本流等越来越开放；而另一方面对不受欢迎的流动，如劳动力非法移民、跨国犯罪、走私等越来越封闭。如美国—墨西哥以及西班牙—摩洛哥边界，对有益的物流和资本具有很强的可渗透性，而对劳动力移民管理却越来越严格（Ferrer-Gallardo，2008，Coleman，2005）。显然，这种逻辑“严重阻碍了跨境的自由流动和劳动力迁移，与自由贸易和无政府主义思想相矛盾，但是普遍为新自由主义者所接受”（Anderson，2001）。

在居住边界区尺度，功能流维度去边界化意味着社区边界变得更加容易渗透，封闭社区与周边低收入社区之间的居民跨界流动更为频繁。衡量功能流维度将去边界化的指标具体化为两个相邻社区共同活动空间的形成、跨界居民流动、物品和金钱的交换等。功能流维度的再边界化指居住区边界对居民流动、物品和货币等自由流动和交换的障碍程度的增加，以及限制性进入的空间范围的形成和扩大。本书在功能流维度主要探索居住边界区居民的跨界实践活动及其行为活动路径，分析跨越边界的联系与流，揭示边界在居民生活实践中的空间影响。

3.2.3 符号维度

边界的符号维度指人们的集体认同和“我者”与“他者”的区分（Stetter，2005）。边界不仅是障碍和桥梁，也是一种身份符号的象征（O'Dowd，2002）。边界在构建身份认同方面的作用在一系列学术著作中进行了大量的讨论（Donnan and M.Wilson，1999，Albert et al.，2001，Leimgruber，1991，Meinhof，2002，Wilson and Donnan，1998，Ackleson，1999）。边界的身份构建通过净化和异化“他者”的空间策略而实现。边界化进程也是秩序构建（ordering）和异化“他者”（othering）的进程（Van Houtum and Van Naerssen，2002）。边界化进程是空间差异的社会实践，通过使空间流动秩序化，对人、资本和产品等空间要素流动创造差异和秩序。Ferrer-Gallardo（2008，p315）认为通过边界的划定可以形成集体认同和创造“他者”。集体认同的形成总是与地方营造的策略相关联。国家领土策略中为了构建秩序，必然导致边界的产生和对“他者”的异化。因此，可以把地方营造视为一种空间净化的策略。边界进程既创造又排斥“他者”，为了建立独特的和有凝聚力的空间秩序，边界被创造出来用于消除领土的模糊性和身份的不确定性，从而产生新的和重建潜在的空间差异和身份认同（Van Houtum and Van Naerssen，2002）。Diener 和 Hagen（2009）认为边界反映现有的空间和身份差异并产生新的“他者”。边界空间范围内的同质化进程和与外部空间的异化进程都镶嵌在边界的符号维度中（Paasi，1996）。

对于居住边界区而言，符号维度的去边界化进程意味着边界内部群体集体认同的模糊化和对边界外围地区产生的依恋和归属感，例如封闭社区的居民是否认同毗邻的低收入社区是他们居住地域的一部分。符号维度的去边界化表明边界内外的群体在居住边界区形成了共同的身份认同，达到了去污名化的目的，消除了边界内外群体间的偏见。与之呼应，符号维度的再边界化意味着边界内外的秩序构建和异化“他者”的进程。例如边界内外群体集体身份差异的增强、偏见和歧视的持续存在等。

本书在符号维度的研究内容主要为探索居住边界区居民各群体（封闭社区居民、周边村落的原住民和外来移民）之间的相互空间感知，分析边界对居民身份意识的构建作用，以及由于空间邻近性带来的频繁交往接触导致的身份意识模糊化和重构等内容。

3.2.4 社会网络维度

社会网络维度应该从功能流维度中区分出来。一方面，居住区边界的社会意义比国家边界更为重要。因为不是每个人都会跨越国家边界形成国际社会网络关系，但是城市的居民却经常跨越和体验社区边界，他们对社区边界有非常真实和具体的体验和感知。另一方面，社会联系是城市日常生活中的一部分。然而，无论在个人还是集体层面上社会网络边界都是最深层次的边界障碍。在边界动态进程的维度分析方面，由于社会网络作为构成城市日常生活的主要方面，与邻近社区之间的交流与交往已成为居民社会网络构建的途径之一（Hazelzet and Wissink，2012）。相邻社区之间社会网络的形成，是边界渗透性最深层次的体现（Sabatini and Salcedo，2007）。因此，边界的社会网络维度是指在两个相邻飞地之间划分各自社会关系的界限。

社会网络维度的去边界化是指跨界社会关系的形成。社会关系的构建存在 3 个层次。第一层次是弱的社会联系，例如相互之间面熟、见面会问候或者偶然相遇时会进行简短的交流；第二层次是一般程度的社会联系，例如共同参加集体活动或同事关系等；第三层次是强社会关系，指相互之间产生了亲密的社会关系，形成了较为稳定的社会网络，如宗族关系、血缘关系以及同乡和朋友关系等。社会关系的强弱并不是一成不变的，而是随着时间的推移，社会联系的强弱可以相互转变（Granovetter，1973）。社会网络维度的去边界化是指毗邻社区之间不同社会网络关系的形成，相互之间的弱社会联系向强社会联系转变。而社会网络的再边界化是指相互之间社会网络关系的转弱或者消亡。

本书在社会网络维度主要阐释由空间邻近所产生的社会联系，探索和分析以边界区为平台的不同群体之间（封闭社区居民、城中村居民以及外来流动人口）产生的不同程度的社会网络联系，并分析如身份地位、个人喜好等内在因素对基于居住边界区的社会网络构建的影响。

3.3 基于“结构—能动”的理论分析框架构建

去边界化和再边界化的 3 个维度解释了居住区边界发生了怎样的动态进程，而结构化理论则解释这些动态进程是如何以及为什么发生的。因此，有必要综合多个理论进行理论研究框架构建。换句话说，边界作为动态进程和边界是社会建构的理论概念共同构成了本书的理论分析框架（图 3-1）。

在不同尺度的结构和背景条件下，微观尺度（封闭社区与周边村落之间）发生多维度的去边界化和再边界化进程由不同行为主体的能动性所促进和牵制，同时，这些行为主体的行动又不断解构和重构居住边界区的破碎化结构。

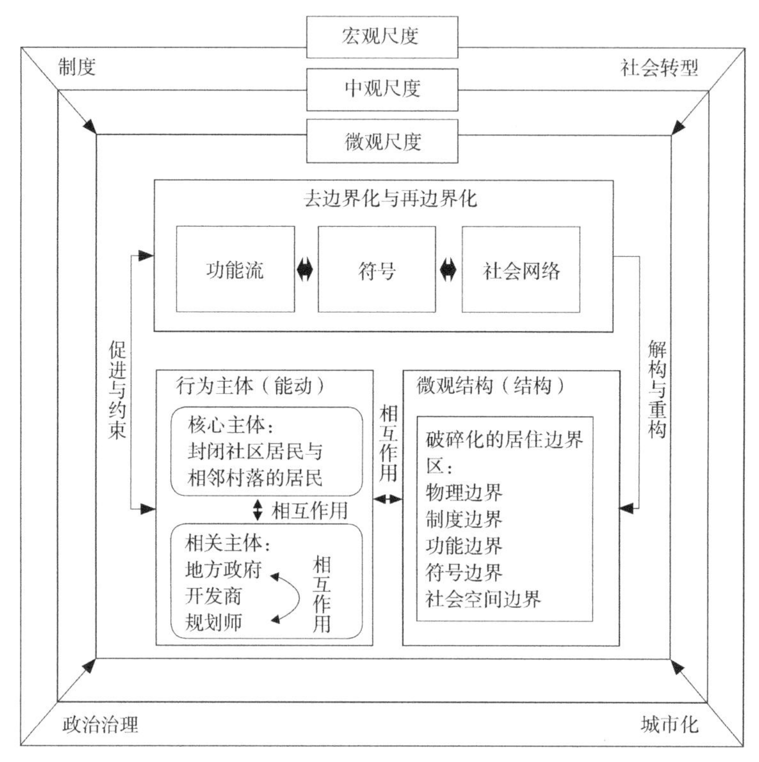

图 3-1 居住边界区分析的理论框架

（来源：作者自绘）

3.3.1 微观尺度的能动和结构

微观尺度的实体是由封闭社区及与其邻近的城中村社区共同组成的居住边界区。去边界化和再边界化进程是不同行为主体的行动和社会实践。这一行动的核心主体是封闭社区的居民和邻近村落的居民，相关主体为地方政府、开发商和规划师。封闭社区居民为边界（围墙）内部的人，多为中高收入阶层。而围墙外面的城中村居民包括原住民、农村迁移到城市的流动人口和拥有城市户口的低收入城市居民。边界内外的居民群体是本书研究的重点对象。而地方政府、开发商和规划师作为相关行为者，也参与到去边界化和再边界化的行动和实践中，本书选取了规划师作为相关行为主体进行研究。

Madrazo 和 Kempen（2012）在进行“分裂城市”研究时提出从趋势、

政策、相关行为者、个人地位和喜好等角度阐述城市空间内部边界的理论，并指出现有实证研究对相关行为者，如政府、规划师的利益动机研究及个人喜好对城市边界生产的作用等内容涉猎不多。因此，本书在居民边界化进程的能动性分析方面重点分析身份地位、个人喜好等内在因素的作用和影响。这些因素具有很强的解释力，因为封闭社区居民的个人喜好能够决定他们是否愿意去邻近的村落活动。城市规划作为政府推动城市发展的主要工具，其对居住边界区的发展和边界演化起着重要的作用。因此，有必要分析地方政府、开发商和规划师的价值取向对边界化动态进程所起的作用，阐释他们之间的权力关系、态度和价值取向等。

微观尺度的居住边界区结构体现为城市居住空间的破碎化特征。可从物理边界、制度边界、功能边界、符号边界和社会空间边界五个方面来理解居住空间的结构特征。物理边界是指物理可见的边界，如封闭社区的围墙、不连续的土地等。制度边界是指制度性的管理边界，如户口制度将封闭社区及其周边的居民分为城市户籍人口、农村户籍人口和流动人口等。功能边界则阻碍或引导人流、物流以及资金流等。符号边界侧重构建边界社区居民的身份认同、归属感和情感态度等。社会空间边界划分了不同的社会群体阶层，如中产阶级和低收入群体等。对封闭社区边界的理解不再是单一的仅具有物理属性的“围墙”，而是具有多种内涵的居住空间边界。对去边界化的理解，则不再是简单的去除物质边界或拆除“围墙”的过程，而是包括政治、社会空间、心理符号和功能等多个维度的边界融合进程。

3.3.2 多尺度的结构和背景条件

Paasi（1999）认为边界在社会实践和话语背景中生产和再生产。社会、政治和经济背景在边界的生产和边界的多重含义构建中发挥着重要的作用。因此，需要把居住边界区的边界化动态进程放到宏观的社会、经济、政治背景中去分析，主要分析不同尺度（国家—城市—居住边界区）的结构性条件对城市居住区边界演化的影响。

在国家层面，主要是分析社会转型、制度变革（如户口制度、土地利用制度变革和住房制度变革）、城市化进程和政府专项治理（中央出台的“禁封令”政策）对城市边界动态进程的影响，并重点分析户口制度和政府专项治理的影响。这 4 个宏观的动力机制自上而下贯彻了不同的尺度。在城市层面，重点分析相关地方城市的政策、城市化与郊区化进程等对居住边界区动态进程的影响。在居住边界区层面，重点分析两两相邻飞地之间的社会、经济和环境等差异。

3.4 结论：结构化理论、边界和封闭社区

居住边界区的研究框架主要以国家边界理论为指导，结合城市地理学方面的理论知识，融入基础性和一般性的社会学理论中。结构化理论作为社会学的基础理论，具有强大的解释力度，结构化理论向边界研究的拓展主要用于阐释边界化进程是如何发生的和为什么发生的问题。边界动态进程的理论指导我们重新看待封闭社区的边界。通过研究边界动态进程的理论概念，我们对封闭社区边界的理解不再是固定不变的物质“围墙”边界，而是具有多个维度的边界进程，包括功能流、符号和社会网络三个维度的去边界化和再边界化进程。这一进程在相关行为主体的相互角力和实践中随着时间而不断地展开。因此，不同尺度的去边界化和再边界化的进程可以理解为能动主体与结构相互作用、相互制约的结果。

Paasi（2005）认为边界理论具有“恒定性”，即边界理论作为一个开放性的范畴，既可用于解释不同背景下的现象，又同时允许在不同社会背景下的边界生产实践研究中得到新的发展。虽然边界化的理论来源于国家边界的实证研究，但是我们看到封闭社区边界和国家边界有很多相似之处。他们都是作为领域或领土的限制，都可以理解为一种进程。Newman（2003a）指出边界化进程的力量应该能够解释不同尺度的边界现象。可见，政治地理学的边界动态进程理论对居住边界区的研究具有很强的指导意义。

通过引入国家边界理论，强调边界进程是包括去边界化和再边界化的相互并进的动态进程，并分别从功能流、符号和社会网络等多个维度阐释去边界化和再边界化进程的内涵和特征也是一种有益的尝试。因此，本书把国家边界理论概念有机地纳入城市微观尺度的边界分析中，后文将对广州城市内部空间边界进行实证研究，通过理论演绎和实证归纳相结合的方法，拓展和发展边界理论。

4 方法论与研究方法

本章主要介绍方法论、研究方法、研究过程和数据处理方法。本书采取定性与定量相结合的方法。首先，介绍研究设计的内容，包括方法论的理论基础、案例选择和总体研究设计。其次，介绍具体的研究方法，包括半结构化访谈、跟随观察调查、问卷调查和二手数据收集等。再次，记录了实证研究的过程和各阶段的研究内容。最后，阐述了数据分析的方法和数据有效性检验等内容。

4.1 研究设计

4.1.1 研究方法论

理论与实证数据的关系是实证研究的核心问题。在研究过程的技术流程一般有理论导向型（Theorectical informed）和扎根理论导向型（Grounded theory approach）两类。理论导向型是指实证研究和研究问题等起源于理论，并遵循理论的指导而开展实证调查和分析，其目的旨在通过演绎回答理论问题（Herbert，2010）。扎根理论导向型是指在无理论假设的前提下，通过实证研究取得丰富的经验数据和资料，并在此基础上归纳总结理论（Glaser and Strauss，1967）。实际上，两者都有不足之处，理论导向型研究常常过于理论化，研究者在研究过程中难以完全严格地遵循理论（Herbert，2010）。而扎根理论导向型往往由于缺乏理论指引和与现有理论的互动，容易迷失在大量的研究资料中，研究者通常只是发展了概念，很难上升到理论的高度。因此，Herbert 指出更好的方法是在研究过程中通过现有理论与实证数据的不断对话和互动建立研究框架和理论。因此，本书主要综合理论导向和扎根理论，通过理论与实证数据的多轮次对话建立根植于地方的理论阐释。本书的理论基础是结构化理论和边界动态进程理论。

为了回答研究的核心问题，在针对封闭社区内外居民和利益相关群体的研究上选择定性研究，在规划师对居住边界区的响应上主要采用定量研究，并通过各类数据的综合，进行归纳和总结理论。定性研究作为一种传统的研究方法具有许多优势，例如通过针对典型案例进行深入的定性研究可以把复杂的现象描述得细致入微且详实丰富，同时通过归纳可以得到具有强大解释力度的理论（Johnson and Onwuegbuzie，2004）。因此，在居住边界区动态边界进程的研究上选择定性的研究方法有以下原因：

一是在最近“文本转向”的背景下，边界研究越来越多地集中在文本解释和二手数据资料的分析，而非注重实证研究（Paasi，2005，p668-669）。因此，有必要加强对边界研究的实证研究，特别是针对居住边界区的研究，缺乏基于实证研究的理论提升和拓展。

二是对居住边界区进行定性研究有助于深入地描述复杂的去边界化和再边界化进程，并进行理论反思。

三是在研究过程中有必要通过定性访谈等方法探讨各行为主体的具体行为和实践，包括封闭社区及其周边的城中村居民、当地政府、开发商和规划师等行为者。

4.1.2 案例选择

研究设计的另一个问题是案例选择。本书重点选择一个典型案例来探索去边界和再边界化进程。选定单个案例的优点是直截了当。正如 Herbert（2010）所说：“对单个案例的深入熟悉可以使理论和实证的对话更容易；人们可以根据正在进行的研究来修改概念，并对发展中的概念进行重新修改”。此外，Ragin（1992）指出：“这一特征解释了为什么单（典型）案例定性研究最常出现在理论发展的前沿。而当案例数量越多时，修正案例和数据的机会就越少”。因此，本研究重点选取广州市番禺区的3个有代表性的居住边界区进行质性研究（图 4-1）。

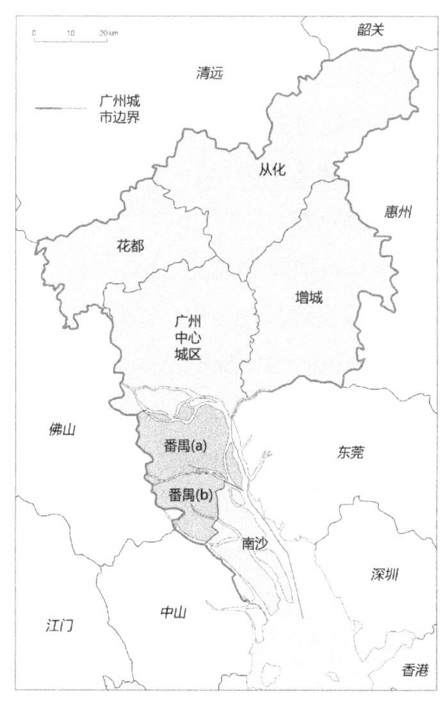

图 4-1 番禺区位图
（来源：作者自绘）

选择番禺区作为研究地域的原因如下。首先，广州市是中国经济发展和社会转型的典型代表。番禺区从一个独立的县发展到广州不可分割的一部分，能集中体现中国城市发展的动态进程。其次，在广州经济快速发展和城市化的进程中番禺区是住宅郊区化的重点区域，因此，存在许多封闭社区。第三，自2000年广州市确定了“南拓”的城市发展战略之后，番禺区由于地处粤港澳大湾区的地理中心和广州“南拓”的重点拓展轴上，因而成为广州过去20年来的重点发展地区之一。综上所述，番禺区在快速发展进程中出现的大量居住边界区为本书提供了丰富的可研究对象。

根据封闭社区与相邻村落的社区服务设施的布局和供给模式的不同，本书把居住边界区分为全封闭自给型、半封闭自给型和小组团公共供给型三类（图4-2）。一般来说，封闭社区内部的社区公共服务设施供应能力（社区服务设施能否自足）是影响其与相邻村落之间人口流动的重要因素。在大城市郊区，如果封闭式社区内部拥有充足的公共服务设施和服务供给，社区居民则不需要进入周边村庄获取日常生活必需品，完全可以在社区内部满足需求。选择上述不同类型的居住边界区进行对比研究，有利于进行进一步的案例分析。

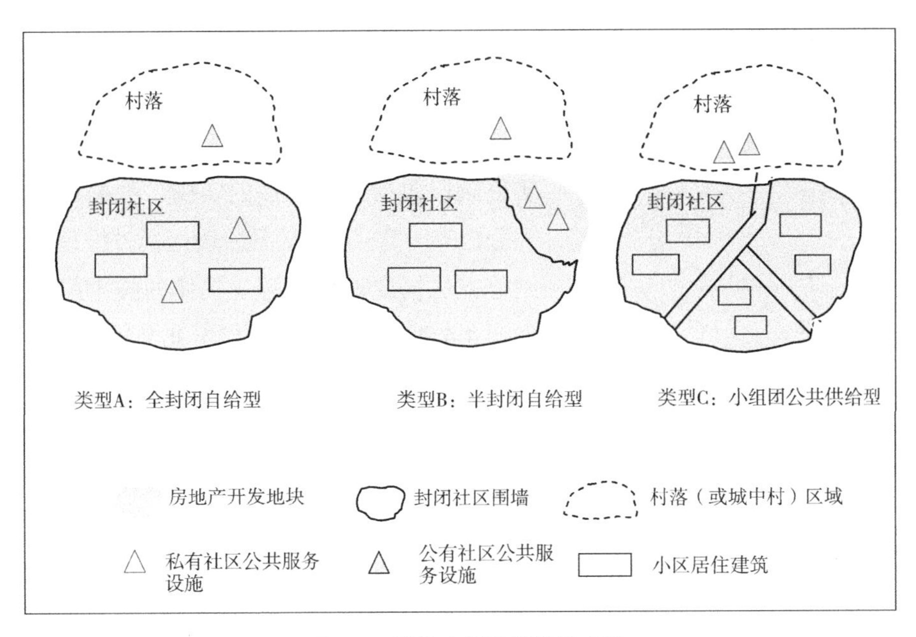

图4-2 居住边界区类型示意图

（来源：作者自绘）

重点选择3个典型居住边界区作为调查案例地，分别为广州市与佛山市交界处的顺德碧桂园、祈福新邨和锦绣趣园（锦绣花园社区的组团名称）及其各自毗邻的村落，对应不同的居住边界区类型（图4-3）。3个典型居住边界区都是位于广州郊区化的重点区域。从用地形态来看，3个案例地均含有一个规模较大的封闭社区。一方面，这些社区的围墙把整个居住区划分成一个独立的“小王国”，在物质空间形态上形成了“破碎化”的特征；

类型 A

类型 B

类型 C

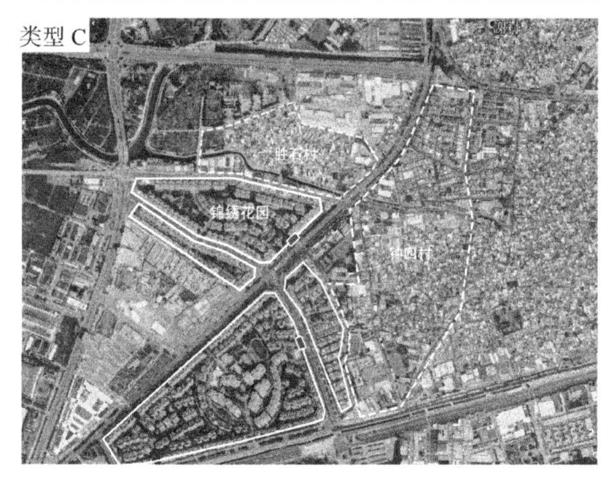

图 4-3 典型居住边界区影像图
（来源：作者自绘）

另一方面，这些封闭社区附近都有非封闭式居住的旧村落或旧城镇用地，形成新旧居住用地的鲜明对比，在封闭社区的围墙内外居住着不同的社会阶层或群体。从用地功能上看，3 个封闭社区均与周边的旧村落或旧城镇用地形成一定的功能互补关系。

4.1.3 研究技术路线与思路

本书拟采取“理论框架构建、实证分析和理论提升”三个步骤的研究进程实施方法。在研究进程设计和实施上，参考 Teddlie 和 Tashakkori（2006）提出的研究实施方法，区分研究进程为理论框架构建、实证和理论提升三个阶段，而这 3 个阶段可以有多个轮回。理论框架构建阶段是研究目标、研究问题和研究框架的形成阶段；实证阶段包括研究方法的实施、数据产生和分析等内容；理论提升阶段指通过推理归纳等方法提取理论解释。具体的技术路线如图 4-4 所示，主要包括以下几个步骤。

首先，在前期研究的基础上，结合郊区居住空间破碎化的现象与中央对逐步开放封闭社区的需求，通过文献梳理，整合政治地理学边界进程理论和城市地理学的城市空间、社区发展与融合等理论，提出理论分析框架以及关键的研究问题，明确研究方法，指导实证研究。其次，在实证研究阶段，基于居住边界区现象，通过对典型案例地的定性研究和规划师的问卷调查收集丰富详实的一手数据。在此基础上，对实证数据进行整理与分析，挖掘居住空间边界化动态进程的内涵和特征，解析行为者能动性实践的影响因素，得出实证结果，并采用多元数据收集法，收集丰富详实的一手实证数据。再次，通过多轮的理论与实证数据的对话，采取推理演绎和归纳总结相结合的方法，提取理论解释，提升和发展边界理论。最后，根据研究成果，提出边界管治的政策建议；综合集成各类研究成果，提出研究展望。

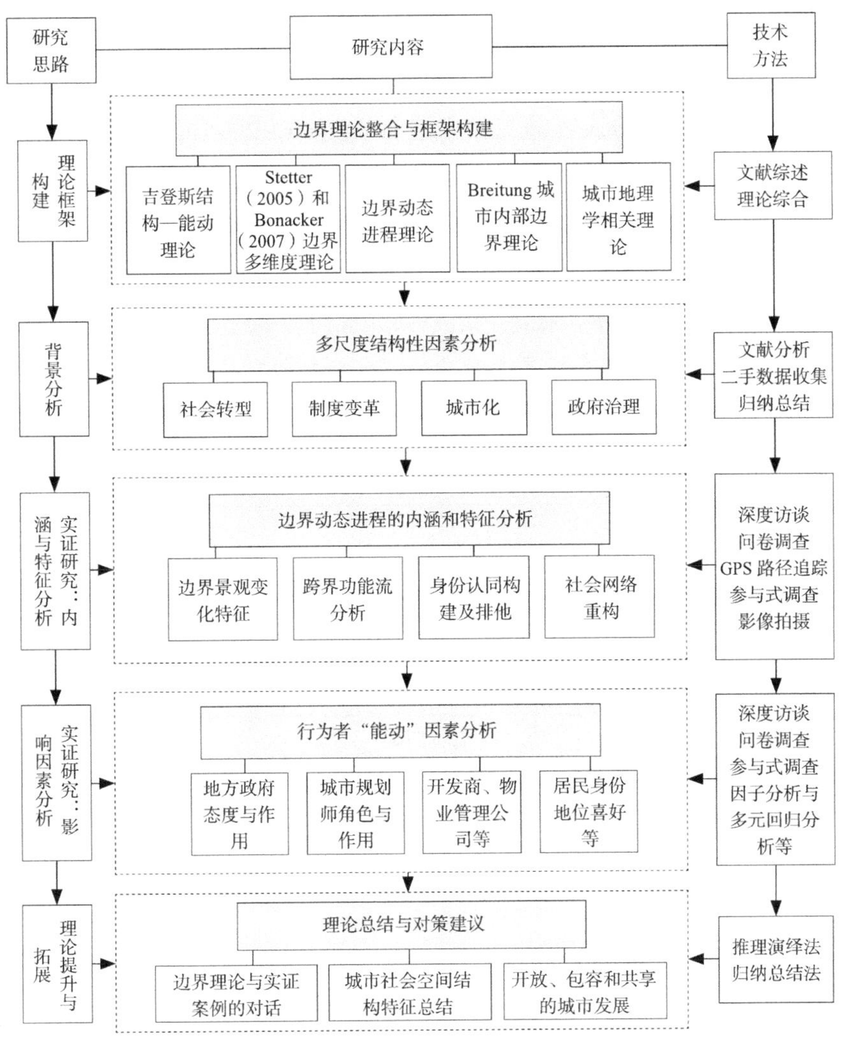

图 4-4 研究的技术路线图

（来源：作者自绘）

4.2 研究方法与过程

为了保障一手数据的客观性和准确性，本书采用定性与定量相结合的多元数据收集法收集一手资料，其中包括问卷调查、访谈、影像拍摄和行为跟随观察等手段。为了避免单一访谈方法可能出现的数据系统性偏差，研究设计了多阶段和多案例的访谈，以及采用行为跟随观察法对数据进行验证。主要的研究方法和过程如下。

4.2.1 半结构式访谈

定性访谈方法包括结构化、半结构化及非结构化访谈（Lincoln and

Guba，1985）。半结构式访谈介于结构化和非结构化访谈之间，虽然有基本的访谈问题提纲，但也允许在访谈过程中出现开放式的问题，并且对话是在访谈者与被访谈者的交互中进行（Dunn，2005）。深度访谈是本书的重要部分（基本访谈提纲见附录 A）。访谈对象包括案例地居住边界区居民（含封闭社区居民、周边村落原住民以及外来移民）、规划师、地方政府相关部门、房地产开发商和物业管理人员、社区居委会等（详见附录 B）。如表 4-1 所示，在案例地一共完成访谈 82 次，访谈时长一般在 15 ~ 80 分钟。所有访谈都是由专业的录音机加外接麦克风进行录音，所有的声音都被清晰地记录下来以便后期转录。其中，对村干部的访谈是一次群体访谈。

访谈数据统计 **表 4-1**

受访对象类别	来源地	访谈次数
社区居民（业主与租客）	祈福新邨	28
	顺德碧桂园	4
	锦绣花园	5
村落居民（村民与流动人口）	钟一村	31
	三桂村	6
	钟四村	2
物业管理公司、中介	祈福新邨与顺德碧桂园	3
规划师与地方政府人员	番禺区	3
合计		82

（来源：作者自绘）

目标访谈群体的获取是大多数定性研究的难点，本书研究小组实施了几种策略。在针对封闭社区的访谈中，通过联系居住在社区的业主办理了社区临时出入证。为了保障访谈对象的普及性和多样化，访谈地点尽量覆盖社区的各个组团。在选取访谈对象时，充分兼顾不同性别、年龄、经济状况和居住地点围墙内外的社区居民，同时，在访谈过程中选择了不同的访谈地点以接近不同的受访者。如在祈福新邨社区，吸引了众多居民进行日常休闲活动的休闲湖，被选为第一阶段的访谈地点之一，此阶段大部分的访谈都在这里完成。第二和第三阶段的访谈地点覆盖了祈福新邨的不同区域，如祈福新邨楼巴站点和祈福新邨商业区等居住组团。在对社区外围的村落居民的采访中，采用了持续拜访的访谈策略。虽然城中村没有出入限制，但采访原住村民也是一项挑战。原住民访谈通常需要多次拜访之后，才愿意接受深入的访谈。与原住村民相比，外来流动人口更容易接受采访。随机访谈成功的策略之一是向受访者提供香烟或小礼物等，并向其展示身份证明以获取对方信任。

因为部分案例社区（祈福新邨和顺德碧桂园）仍有土地在开发中，房地产开发（物业管理）公司不便成为研究的焦点，因此对房地产开发（物业管理）公司的访谈邀约被拒绝了。为了更深入地了解情况，研究小组对物业公司的工作人员（包括保安、司机和房地产销售员等）进行了非正式的访谈，并收集和分析了相关新闻报道和网页资料等二手数据。

4.2.2 行为跟随观察法

在研究城市流动性边界的空间生产中，Jirón（2011）应用并发展了“成为研究对象的影子”的行为跟随观察法，即研究者对研究对象的日常活动进行跟随，并辅以事后访谈的形式，记录和感受研究对象的日常生活体验，收集一手数据。我国的封闭社区为了日常生活的便利，除了设置封闭社区主出入口外，通常还开设有至少一个通往邻近村落的生活性出入口。在研究中，采用手持 GPS 对封闭社区居民在社区周边的短途日常生活活动路径开展一对一的行为跟随，辅以摄影、观察记录和事后访谈等方法，记录其出行时间、出行路径、出行目的地和活动内容等日志。将记录的封闭社区居民的活动路径信息导入 Arcgis 软件进行空间分析和路径呈现，归纳和总结封闭社区居民在社区周边的行为活动特征，挖掘边界对居民日常行为活动路径的障碍与引导作用。

行为跟随观察的时间段主要选在每天上午 9 点至下午 6 点，对从封闭社区生活性出入口出来的居民进行行为跟随。每次跟随结束后，需要填写调查表格（表 4-2）。先后共调查了两次，第一次是 2012 年，主要以拍照记录为主，一共收集了 3 个案例地的 481 个样本，其中顺德碧桂园 110 个、锦绣花园 111 个、祈福新邨 260 个。第二次调查是 2019 年，在记录对象基本信息的基础上，借助“两步路”手机软件记录了居民的 GPS 活动路径、距离和时间等数据，共获得 429 条 GPS 记录数据，其中有效数据 411 条，包括顺德碧桂园 136 条、祈福新邨 138 条、锦绣趣园 137 条。

行为跟随观察记录日志（样本） 表 4-2

序号	出发时间	人数	性别		婴儿	年龄			目的地	活动内容
			男	女		青少年	中年	老年		
Q-1	9:12	1	1	0	0	0	1	0	钟一村菜市场	缝衣服

续表

序号	出发时间	人数	性别		婴儿	年龄			目的地	活动内容
			男	女		青少年	中年	老年		
Q-2	9：12	1	0	1	0	0	0	1	钟一村菜市场	买肉和蔬菜等
Q-3	9：15	1	1	0	0	0	1	0	钟一村菜市场	买菜
Q-4	9：20	1	0	1	0	1	0	0	绿茵西饼屋	上班
Q-5	9：21	1	1	0	0	0	0	1	钟福菜市场	买菜
Q-6	9：22	1	1	0	0	0	1	0	钟福信和连锁超市	购物
Q-7	9：23	1	0	1	0	0	0	1	钟福信和连锁超市	购物
Q-8	9：26	2	0	2	0	2	0	0	阿秋美容美发	美发
Q-9	9：30	1	0	1	0	1	0	0	信和连锁超市	购物
Q-10	9：32	5	2	3	0	4	0	2	钟福菜市场	买菜
Q-11	9：34	2	1	1	0	2	0	0	钟福菜市场	KTV
Q-12	9：40	1	0	1	0	0	0	1	钟福菜市场	买菜
Q-13	9：48	3	2	1	0	2	0	1	钟一村菜市场	买菜
Q-14	9：49	1	1	0	0	0	0	1	钟一村菜市场	买菜
Q-15	9：50	2	1	1	0	2	0	0	钟一村多宝家政	家政服务

注：观察地点祈福新邨／钟一村，日期：2012 年 12 月 30 日。将调研对象分为 4 个基本年龄组：少年组（参考年龄：大于 10，小于 18 岁），青年组（参考年龄：18 ～ 44 岁），中年组（参考年龄：45 ～ 59 岁）和老年组（参考年龄：60 岁以上）。受调查者的年龄基于观察者的判断进行估计。年龄判断有两个原则，一是根据受调查者的特征，如穿衣风格、发型、面部外观和身材等；二是通过与邻近（或同行的）人进行对比，如出行时的同伴，或者出行是否携带小孩等。

（来源：作者自绘）

4.2.3 问卷调查

采取问卷调查法对全国城市规划师开展封闭社区的态度与应对的问卷调查。调查内容包括规划师的基本信息、居住状况、在开放封闭社区中的作用、对封闭社区的价值导向和态度、应对的规划策略等。2012 年，中国城市规划年会在昆明举办，借此机会一共发放 1000 份问卷，收回 871 份问卷，删除残卷和部分不满足分析要求的问卷，共获得有效问卷 560 份（更为详细的方法和数据特征介绍详见 8.2）。

4.2.4 二手数据资源

在研究过程中，除一手资料的收集外，还注重对二手资料的收集与分析，主要是收集和分析相关统计年鉴、规划文件、土地利用数据等。同时通过网络、报刊等途径，收集相关的新闻媒体报道、网页介绍与宣传资料等。

二手数据主要用于分析居住边界区的发展背景，以及去边界化与再边界化的背景条件。

4.3 数据收集过程

研究一共分为 4 个阶段，时间为 2012—2019 年，历时 8 年。在实地调查中，所有受访者均是匿名。研究对封闭社区和飞地城市化方面的文献进行了研究综述，其涵盖了封闭社区蓬勃发展的原因，封闭社区产生的空间影响，特别是对封闭社区与其邻近村落之间的关系进行了梳理。在此基础上开展实地调查研究。

第一阶段的实地调研在 2012 年 9 月—12 月进行，主要工作包括在 3 个案例地进行跟踪观察和半结构化访谈。在此阶段，主要针对祈福新邨社区及周边社区进行访谈，共完成 34 次采访。在顺德碧桂园和锦绣花园分别完成 5 次和 2 次访谈。同时，该阶段完成了对全国规划师的问卷调查数据。

第二阶段主要为实证和推理分析阶段，时间为 2013 年 9 月—10 月底。在案例地总共完成 22 次深度访谈，包括对祈福新邨居民的 9 次访谈，钟一村居民的 10 次访谈，以及 1 名祈福新邨保安和 2 名当地城市规划师的访谈。在收集了足够的数据后，进行了第一轮的实证和推理分析，从功能流、符号和社交网络三个维度分析去边界化与再边界化。

第三阶段的实地考察主要探讨去边界化与再边界化的驱动机制以及实现这一过程的条件。时间为 2014 年 11 月。这一时期的访谈主要着眼于结构，即户籍制度对边界的影响。在此期间，完成了对村民委员会的小组访谈以及对社区居民的 5 次半结构化访谈。

第四阶段是后期补充完善与跟踪调查阶段，主要是在 2016 年、2017 年及 2019 年。重点跟踪拍摄边界区的边界景观动态变化。同时，在 2019 年借助指导学生参加专指委调查报告的机会，组织学生进行了新一轮的社区居民行为跟随调查和部分访谈。

4.4 数据分析方法

4.4.1 访谈数据的转录

O'Connell 和 Kowal（1999）认为个人话语由语言特征（例如单词、语句片段）、韵律特征（例如语速、语调、音调、音量）、语态特征（例如笑声、喘息、叹息）、肢体语言特征（例如手势、坐立不安、凝视、停顿）和各种语境暗示等共同组成。本书对访谈数据的转录主要通过口头语言信息而不包括韵律、语态和肢体等特征信息。在转录中，所有的口头信息都是逐字转录，并在此过程中，使用播放软件对录音进行语速控制和回放，对访谈中涉及的重要内容进行标记。

4.4.2 访谈数据的编码

使用定性的内容分析方法分析访谈转录数据。定性分析方法通过语言检测，将大量文本编码分类成有效且更具概括性的类别。归纳出来的类别编码可以包括明确的或推断的含义（Weber，1990）。文本内容分析的主要功能是对未探索的现象提供解释（Downe- Wamboldt，1992）。文本内容分析有 3 个步骤：（1）数据浓缩提炼；（2）数据展示；（3）归纳结论和验证结论（Miles and Huberman，1994）。Hsieh 和 Shannon（2005）提出 3 种访谈内容分析的方法：传统内容分析（直接从收集的一手数据开始编码类别）、定向的内容分析（编码类别直接源于已有理论或相关研究成果）以及总结性内容分析（编码类别通过计算和与已有文献中的或研究者感兴趣的关键词进行对比生成）。

在研究中，基于不同阶段收集的数据将访谈数据的编码分为 2 个阶段（图 4-5）。参考 Hsieh 和 Shannon（2005）描述的方法，对阶段 1 涉及在第一和第二轮实地调研阶段收集的数据进行转录和编码。通过逐步编码分析，形成初步的概念，包括人流、安全以及社会关系等关键词。初步概念进一步与理论相关联，产生了在去边界化和再边界化进程的功能流、符号和社交网络三个维度的类别。在第二轮的编码分析中，主要对第一轮编码分析形成的初始类别进行完善和验证。因此，访谈数据的阶段 2 分析主要为结合现有理论和文献成果的定向内容分析，并最终通过对原始数据的综合分析，得出结论并进行验证。

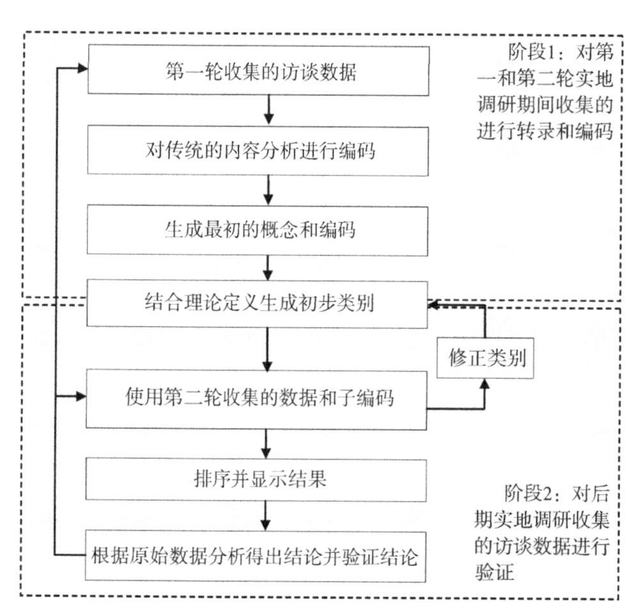

图 4-5 访谈内容分析方法与技术路线
（来源：作者自绘）

4.4.3 问卷调查数据和行为追踪观察数据的分析

记录的调研数据输入到 Excel 表格中，并导入到相关软件中进行分析处理。对于收集的规划师问卷调查数据，综合运用 SPSS 统计软件进行相关性分析、ANOVA 方差分析、回归分析等，识别关键的影响因素。对行为追踪观察数据利用 GIS 技术进行空间化分析与显示。

5 居住边界区生产的国家和城市背景条件

自 1978 年实行改革开放政策以来，我国开展了一系列体制改革，包括土地使用制度改革，户籍制度改革和住房制度改革，其目的是推动改革开放前由国家主导的计划经济向市场经济转变。Madrazo 和 Kempen（2012）认为国家、制度和中国的文化背景对中国分裂城市的生产有很强的解释力。本章首先阐述了影响居住区边界形成的土地、户籍和住房体制改革。其次，阐述了中国社会空间转型和城市化发展的背景。再次，整理了中央对封闭社区的政府专项治理进程。最后，探讨了城市层面的结构条件，包括郊区化趋势、行政区划调整政策以及“村改居”政策等。

5.1 城乡二元土地利用制度及其影响

5.1.1 土地利用制度变革

新中国成立至今，我国的土地使用制度经历了巨大的变革。1949 ~ 1953 年为土地改革运动阶段。1949 年颁布的《中华人民政治协商会议共同纲领》和 1950 年颁布的《中华人民共和国土地改革法》为这场浩荡的土地改革拉开了序幕。在这期间，为实现长久以来农民渴望的“耕者有其田”的目标，我国农村在废除了封建土地所有制的基础上，把地主阶级的土地分配给农民，建立了“农民所有、农民经营”的土地制度，即农民土地所有制。这阶段农村土地的所有权、使用权、收益权和处置权统一归农民所有。在城市中，所有的城市土地收归国有，但是未征收工商业、手工业和城市居民的土地，即其所有权、使用权仍然被承认为私有的，形成了公有制与私有制并存的土地制度。在这个阶段，农民拥有农村土地的所有权和使用权；而城市土地除一定比例属于私有外，大部分土地的所有权和使用权属于国家，这标志着中国土地使用制度从私有制逐渐转变为公有制。

1953—1958 年，以社会主义三大改造运动为主。在农业社会主义改造方面，我国创造了互助组、初级社、高级社“三步走”的过渡形式，土地制度也在改造中逐步改革。改造初期的互助组并未涉及土地的产权问题。在初级社时期，土地的使用权和所有权分离，农民依然拥有所有权，并享有较大程度地收益权和处置权。到了高级社阶段，土地的所有权、使用权、处置权、收益权都归高级社所有。根据1954年颁布的第一部《中华人民共和国宪法》，国家开始改造城市私有土地。1955年颁布的《关于目前城市私有房产基本情况及进行社会主义改造的意见》正式提出对私有房产的社会主义改造。其中土地国有化的途径有两条：一是"国家经租"，即"由国家进行统一租赁、统一分配使用和修缮维护，并根据不同对象，给房主以合理利润"。通过国家经租，个人房屋财产可以获得部分租金，而房屋的土地所有权则收为国有。二是对"原有的私营房产公司和某些大的房屋占有者"进行公私合营。到20世纪50年代末，几乎所有城市私有土地都被征收并转移为国家所有（Zhu，1994，Lin and Ho，2005）。

1958—1978年为人民公社运动背景下的土地改革时期。该阶段农民失去了全部的土地产权，农村的土地使用权逐步从农民手中转移到人民公社，城市的土地使用权也从私有转为国有，土地的公有化程度达到最大。城市土地使用权由政府划拨给使用者进行流转，但使用者不可在其他使用者之间直接流转。这一阶段土地使用有3个特点：第一，城市土地被无偿分配给土地使用者；第二，土地无限期地被持有；第三，土地禁止出售、购买或转让。无偿取得和使用土地的情况导致了土地利用效率低下和土地资源浪费。

1978年十一届三中全会召开后，在小岗村首次实行的"包产到户"开启了土地制度的市场化改革。1982年的《中华人民共和国宪法》以根本法的形式确立了城市土地所有权归国家所有，农村土地所有权归集体所有，并把农地集体所有权和承包经营权相分离。1986年的土地管理法奠定了中国当前的城乡二元土地利用制度。但是，直到1988年我国才开始重视土地的价值，视其为重要的生产要素（Zhang，1997b）。改革开放之后，我国逐步引入西方市场机制，城市土地作为没有经济属性的自然资源的观点已不再适用于经济发展。深圳经济特区于1987年创造性地率先进行了土地使用权有偿出让和转让试点，自此催生和盘活了城市土地市场。1988年版的《中华人民共和国宪法》正式规定允许城市土地使用权转让（Tang，1989）。

改革后的土地使用制度有3个主要特征。首先，区分了土地使用权与土地所有权（Zhang，1997b）。城市土地使用权允许批租，因此，公司或个人允许对城市土地使用权进行出让或转让。此外，城市土地使用权也开始有时间限制。住宅用地使用权年限最高为70年;工业、教育、科技、文化、卫生、体育用地以及综合用地，土地使用权最高为50年；而商业，娱乐和旅游用途的土地的租期最高为40年。其次，明确了城市与乡村的土地永久所有权分属于国家所有和农民（村）集体所有。农村土地的所有权属于村集体，土地承包经营权则出租给个体家庭（Dong，1996，Kung，2002）。2014年，中央提出将农村土地的所有权、承包权、经营权三权分置，允许农地经营权在农村中流转。再次，政府垄断了城市的土地供应（Ho and Spoor，2006）。法律禁止农民将农业土地的使用权转让为非农业用途，或者将宅基地的土地使用权转让给非农业户口持有者。用于城市发展的所有农村土地要先通过政府征收为国有用地，才能在城市土地市场中交易。

城乡二元的土地制度造成了城乡土地流转权的不平等、城乡土地物权保护的不平等、城乡土地发展权的不平等等诸多问题（乔科豪，史卫民，2019），尤其表现在城乡建设用地使用权适用的不一致上。国有建设用地使用权可依法入市流转和抵押，而农村集体建设用地使用权仅限用于村民住宅建设、村集体公益性建设及创办乡镇企业，并禁止其入市。在这一制度下，城市化进程演变为土地国有化和农民失地化的过程，城乡发展演变为城市吞并农村、农村消散于城市，出现城市大而不精、农村弱而不立等问题（刘守英，2014）。

5.1.2 对居住边界区生产的影响

居住边界区的产生源于二元土地使用制度和由此衍生的二元土地市场。地方政府代表国家征用农业用地，并将其转为建设用地出售给房地产开发商。国家对村集体的被征收土地给予一定的补偿，并通过村集体分配给个体户（图5-1）。

农村土地有两种基本形态：农田和宅基地用地。农田和宅基地用地的征地补偿标准不同。《中华人民共和国土地管理法》第四十八条规定被征收耕地的补偿费主要包括土地补偿费、安置补助费以及农村村民住宅、其他地上附着物和青苗等的补偿费三部分。征收耕地的土地补偿费为该耕地被征收前三年的平均土地年产值的6 ~ 10倍；征收耕地以外其他农用地土地补偿费为被征收土地所在县（市、区）中等耕地前三年平均年产值的4 ~ 6倍；征收其他土地的土地补偿费为被征收土地所在县（市、区）中等耕地前三年平均年产值的1 ~ 4倍。征收耕地的安置补助费是指安置被征地单位因征地造成的多余劳动力的补助。每一个需要安置的农业人口的安置补助费标准，为该耕地被征收前三年平均年产值的 4 ~ 6 倍。但是，每公顷被征收耕地的安置补助费,最高不得超过被征收前三年平均年产值的 15 倍。被征收耕地的地上附着物、青苗补偿费分为两部分：地上附着物补偿费是指对被征收农民集体土地上的房屋、水井、道路等补偿费；青苗补偿费是指对征收土地上生长的农作物，如水稻、小麦、玉米、蔬菜等造成损失所给予的补偿费用。地上附着物和青苗的补偿标准由地方政府规定。

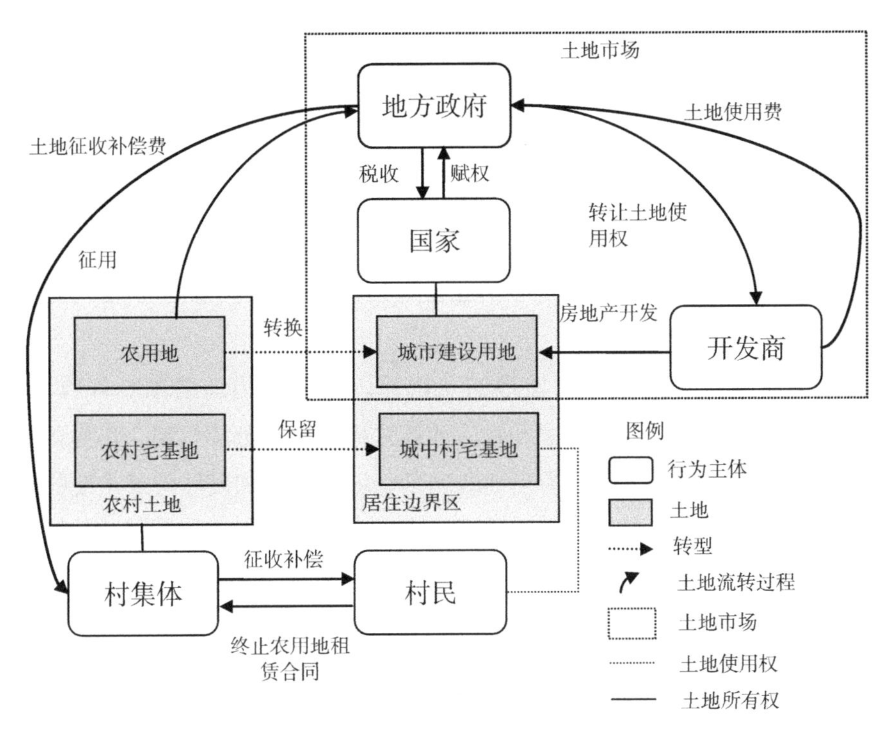

图 5-1 土地征收进程与居住边界区的生产

（来源：作者基于 Wang and Scott（2008）和 Wang 等（2012b）设计）

《中华人民共和国土地管理法》规定了补偿费总额的上限，但没有明确规定宅基地的补偿标准。征收宅基地等建设用地涉及房屋拆迁和居民安置，其征地程序比征收耕地复杂，耗时更长，成本更高。正因如此，地方政府通常只以较低的成本征收郊区村落的农用地，而保留村落的建成区。在城市的扩张过程中绕过农村建成区，而村落的农用地被大量征收用于城市建设，从而造成了村落被城市包围的城中村现象。

郊区村落农用地被征收后，村落用地被人为地分为两部分：被绕开的村落宅基地用地和成为城市建设用地的、被征用的原农用地。在城市发展过程中，前者仍保持原样，而后者被当地政府征收后投放于土地市场中，通过房地产开发等形式建成封闭社区。在此类土地转换过程中，村民被排除在土地市场之外，没有机会分享土地开发项目带来的土地增值（Wang and Scott，2008）。因此，早期对耕地的低补偿导致村民和地方政府之间的冲突不断（Keliang and Prosterman，2007）。

我国的土地市场有两种土地转让机制，分别是行政划拨分配和市场价格机制（Zhang，1997b）。土地交易的市场价格机制自20世纪90年代中期建立以来，价格机制下的土地出让数量稳步增长，但一直是行政划拨机制占主导。到2001年，这一情况开始转变，价格机制使得土地使用权交易的案件数量和土地面积都超过了当年的行政划拨分配的数量（Lin and Ho，2005）。这意味着，土地交易的市场价格机制开始占据主导地位。

在市场价格机制的作用下，地方政府一般采用3种方式出让土地使用权：谈判、招标和拍卖。谈判的方式占土地使用权转让的很大一部分。例如，1995—2002年间，86%的土地转让都是通过谈判的方式完成的（Lin and Ho，2005）；在2007年，仍有超过50%的土地转让以这种方式完成（Wang et al.，2012b）。

地方政府积极征收农村土地的关键原因是获得当地的预算外收入。1994年的税制改革构建了国家与地方政府之间的税收分成机制，作为预算外资金的土地出让收入已成为当地政府推动城市建设和发展的最重要的金融手段之一。为了吸引外资和刺激当地经济发展，地方政府必须改善城市基础设施。然而，当地方财政不足以支撑基础设施投资和建设时，土地使用权出让收入便成为地方政府的主要税收来源。

获得行政晋升的机会是推动地方政府刺激经济和城市发展的主要动力之一。中央政府也将经济的持续增长作为中心任务。在社会经济发展的五年计划中，GDP的增长率是衡量经济发展的核心指标。为了实现该发展目标，每个地方政府都分配了经济增长指标。因此，GDP增长率已成为评估地方政府政绩的最重要指标之一。

总而言之，一方面，农村—城市二元土地使用制度允许地方政府从土地获取大量税务收入。在经济快速发展的过程中，地方政府在土地征用时绕开农村建设用地，只征用农用地以降低城市发展的成本，使土地收益的最大化。由于缺乏市场机制的进入，农村建成区更新停滞并产生了城中村。另一方面，分离土地使用权与土地所有权的制度改革促进了土地市场诞生和发展，推动了房地产业的蓬勃发展（Hu and Kaplan，2001）。然而，将农村土地排除在土地市场之外也限制了以市场方式更新农村已建用地。当被征用的农用地被开发商开发成封闭社区，并与农村建成区相邻时，直接促使了居住边界区的形成。

5.2 户籍制度

5.2.1 户籍制度的设立

我国的户籍制度就像在苏联实施的Propiska（内部签证）制度一样，是与政治和经济权利相关的居住许可，被认为是社会主义经济的产物。我国的户籍制度于1958年建立并于1960年开始严格执行。户籍制度涉及人口和住户登记，根据户籍登记限制人口的流动（Cheng and Selden，1994），并将人口划分为农村人口或城市人口，规定了与户籍相对的福利和保障。户籍制度有4个显著的特征。第一，户籍区分城市户口和农村户口，划定了每个人作为城市人口或农村人口及其所对应的权利。第二，户籍带有地点属性，表明了个人的身份为本地户口或非本地/外地（外来）户口，在一定时期这一属性严格限制了农村人口向城市地区迁移（Yang，1993）。根据户籍的类型和登记地点，人口可分为生活在城市地区的农业户口持有者、生活在农村地区的农业户口持有者、生活在城市地区的城市户口持有者，以及生活在农村地区的城市户口持有者四类（Chan，2009）（表5-1）。第三，户籍定义了个人在土地使用权和国家提供的社会福利方面的权利。只有非农业户口持有者才有资格享有政府提供的福利待遇，而只有农业户口持有者才有资格从村集体和自有宅基地中获得相应的权利。第四，户籍有遗传或向下传递的特征，无论孩子出生在哪里，子女都会继承父母的户籍身份。

户籍的基本功能是建立人口登记，用于统计、征税和征兵。然而，户籍将城市和农村人口分开，与社会保障、就业、教育、土地及居住等挂钩，界定了各自享有的社会福利和保障资格，在一定程度上限制了城市人口向其他城市的落户迁移，同时也限制了农村到城市的人口落户转移。

按户籍状况和地点划分的农业人口和非农业人口的主要组成部分　　表5-1

户籍类型	农业户口	非农户口（城市户口）
城市地区	A 农民工 农场工人 家属	C 城市工人 国家干部和专业人员 家属
农村地区	B 农村（企业）工人（1） 农民 家属	D 农场工人（2） 国家干部和专业人员 家属

注：（1）乡镇企业；（2）国有农业企业；

（来源：Chan（2009））

5.2.2 户籍制度的改革

户籍制度自创立后，在1958—1978年间我国实施了严格的限制户口迁移制度，特别是严格限制农民向城市迁移（刘贵山，2008）。自1978年改革开放至2000年，城市快速的工业化发展亟须大量的农村劳动力。户籍制度在当时极大地限制了农村人口向城市迁移，已显然难以适应经济发展的需求。为了弥补城市劳动力需求的缺口，政府采取了不同的措施放宽对户籍制度的管制（Zhang，2012a）。一种方法是放宽对农业户口向非农业户口转移的限制，这种政策被称为“农转非”。农转非政策起源于1980颁布的《关于解决部分专业技术干部的农村家属迁往城镇由国家供应粮食问题的规定》。规定中明确了照顾的对象和条件，符合规定迁往城镇落户的人员，不受控制比例限制。不过公安部随后出台控制指标，规定每年“农转非”人数不得超过该市镇非农业人口数的1.5‰，（后来改为2‰）（郭东杰，2019）。“农转非”包括表5-1中的B到D、A到C和B到C的人口迁移。从农业户口到非农业户口转移的途径包括：①升学：高等教育机构招生入学；②招工：由国有企业招聘为永久性员工；③征地：因土地被征用而流离失所的；④招岗：晋升为行政职务；⑤迁移：因家庭因素搬迁；⑥参军：加入军队并复员到城市；⑦其他：被视为特殊类别（Chan，2009）。

另一种方法是放宽移民控制，以促进农村人口向城市迁移。20世纪80年代起，中央和地方政府创造了许多特殊类型的户口登记，包括自理口粮户口、临时居住许可、蓝印户口等类型。1984年，自理口粮户口正式于《国务院关于农民进入集镇落户问题的通知》（国发[1984]141号）中被提出。文件规定允许在集镇有固定住所，有经营能力，或在乡镇企事业单位长期务工的农民落常住户口，发“自理口粮户口簿”，统计为非农业人口（李涛，任远，2011）。临时居住许可证是颁发给在该市拥有合法工作或企业的移民的户口类型，最初由深圳市于1984年颁布实施，后来被其他城市采用，于2014年终止。

1992年公安部颁布的《关于实行当地有效城镇居民户口制度的通知》征求意见稿，决定实行当地有效城镇户口制度。在此政策背景下，各省先后在本地区试行“有效城镇居民户口”，即“蓝印户口”（李涛，任远，2011）。蓝印户口是一种折中的户口，介于正式户口和暂住户口之间，实际上是一种与自理口粮户口类似的半城镇户口，即转户人口仅是统计学意义上的城镇人口。蓝印户口在入托、入园，义务教育和普通高中、职业高中教育、计划生育、医疗卫生、就业、申领营业执照等方面享受当地常住城镇居民户口人员同等待遇，但并不能真正完全地享有与非农业户籍人口等同的身份权益（涂一荣，鲍梦若，2016）。1992—2000年，深圳市首先实施了蓝印户口，并向投资者、财产购买者和专业人士发放，以吸引资金和受过良好教育的人口（Tao，2008）。2014年国务院印发《国务院关于进一步推进户籍制度改革的意见》（国发[2014]25号），最终取消了蓝印户口，标志着其退出历史舞台。从某种意义上讲，“蓝印户口”在一定时期内成为地方政府吸引人才和投资、增加地方财政收入的重要措施。

总体上，2000年之前的户籍制度改革和管理存在两方面的特征。一方面，“农转非”的政策旨在将农业户口转为非农业户口，享有国家提供的福利。然而，与庞大的流动人口相比，各市的落户指标有限，难以满足广大的流动人口的落户需求。另一方面，放宽户籍制度登记只是为了吸引农村人口往城市迁移，满足城市制造业发展的用工需求，而不是让其真正的留在城市中。流动人口没有城市户口，因此，在城市中仍然无法享受与城市户口居民等同的福利待遇。

21世纪后，我国逐步放宽对城市户口的限制，先后出台了小城镇户口改革和大城市积分落户等政策（朱识义，2015）。2001年，《国务院批转公安部关于推进小城镇户籍管理制度改革的意见的通知》（国发[2001]6号）中规定：“小城镇户籍管理制度改革的实施范围是县级市市区、县人民政府驻地镇及其他建制镇。凡在上述范围内有合法固定的住所、稳定的职业或生活来源的人员及与其共同居住生活的直系亲属，均可根据本人意愿办理小城镇常住户口。已在小城镇办理的蓝印户口、地方城镇居民户口、自理口粮户口等，符合条件的，统一登记为城镇常住户口……经批准在小城镇落户的人员，在入学、参军、就业等方面与当地原有城镇居民享有同等权利，履行同等义务，不得对其实行歧视性政策。”小城镇户籍管理制度改革的实施范围是县级市市区及以下级别的中小城市，为城镇居民落户城市开了“绿灯”。随后各地方政府出台积分落户制度。2009年广东省中山市率先颁布积分落户制度，此后众多大城市相继颁布了流动人口积分落户制度。积分落户制度为有能力的人迁移户口提供了机会。然而，由于积分落户的条件较高，指标有限，大城市采取积分落户制度只是为少数的精英阶层创造了机会，却排除了大多数的农村移民（Zhang，2012b）。

5.2.3 农业户口与非农业户口的权益

对于寻求在大城市定居的外来人口来说，户籍制度是一个严格的制度障碍。户籍制度规定不同的人群享有不同的福利和待遇（表5-2）。城市户口广泛享有国家提供的福利待遇，包括教育、医疗、社会保障、就业、住房等。农村户口拥有集体土地使用权以及生"二胎"的权利（"二胎政策"于2016年放开，自此不再有城乡户口制度上的差别）。国家福利制度是根据户籍制度设计的，因此，缺乏当地城市户口的农村移民不能平等地和城市户口居民分享城市的公共服务，例如免费教育、城镇医疗保险、养老和社会住房保障等。没有资格享有城市福利和保障的农村移民在城市中犹如劣等或二等公民（Chan and Buckingham，2008），难以融入当地城市中。

当地城市非农业和农业户籍持有人之间的福利差异　　表5-2

分类	国家（或地方城市）提供的福利	非农户口	农业户口	
		本地城市户口	本地农业户口（本地村民）	非本地农业户口（农村到城市移民）
就业	就业咨询与服务（职位空缺信息、政策咨询、职业指导和职业推荐等）	是	村集体支付	否（2006）[1]
	再就业援助	是	村集体支付	否
	培训补贴	是	村集体支付	否
社会保障	以本地城市户口为基础或以缴费为基础的社会保险	是	村集体支付	否
	基于城市户口的最低生活保障	是	村集体支付	否
住房保障	①有限的以城市户口为基础的廉租房；②有限的城市户口经济适用房；③缴存住房公积金	是	村集体支付	否
教育	九年免费义务教育	是	村集体和国家支付	支付临时教育费
	有权在本地城市参加大学入学考试	是	是	否
健康与医药	公共卫生服务（即儿童免费免疫服务，免费计划生育服务）	是	村集体支付	是（2006）
	城镇医疗保险（更高的报销）	是	否，农村医疗保险	否，农村医疗保险
政治	基于城市户口的政治权利（一人一票，有权被选为全国人民代表大会代表）	是	自2010年起与非农业持有人享有同等权利（1953年选举法规定城市人口和农村人口按1∶8的比例选举人大代表，1995年修改城乡比例为1∶4，2010年通过选举法修正案实现城乡比例1∶1）	无投票权，但可在其原住地投票
	工会会员资格	是	是	是（2003）
	荣誉权（即被提名为模范工人等）	是	是	是（2005）
意外赔偿	全额赔偿	是	非农业户口持有人的一半甚至不到一半	非农业户口持有人的一半甚至不到一半

续表

分类	国家（或地方城市）提供的福利	非农户口	农业户口	
		本地城市户口	本地农业户口（本地村民）	非本地农业户口（农村到城市移民）
土地使用	集体土地	否	可承包农用地、拥有宅基地、农村集体经济分红	在家乡承包农用地、宅基地、农村集体经济分红
生育权利	允许生育“二胎”（2016 全面放开“二胎”）	一胎的政策②	是	是

注：“是”表示可以享有的权益；“否”表示无法享有该项权益；①括号内的时间表示开始享受该权益的年份。② 2014 年起城市户口居民如果夫妻一方是独生子女，可以允许生育“二胎”。（来源：作者基于 Fan，（2002）和 Zhang et al.，（2014）设计）

5.2.4 户籍制度对居住边界区的影响

户籍制度在居住边界区现象的生产中具有很强的解释力。1958 年至改革开放前的中国严格执行户籍制度，极大地限制了人口从农村到城市的迁移，以及人口在不同城市间的流动和迁移。改革开放之后，为了满足城市劳动力的需求，中国针对户籍制度开展了一系列改革，总体趋向是不断放宽户籍制度，以此刺激农村人口向城市的大规模流动和迁移。然而，在农村移民抵达城市之后，他们中的大部分人无法在工作的城市落户，被称为流动人口或暂住人口。没有当地城市户口，则意味着被排除在国家福利体系之外，尤其表现在农村移民的城市住房保障方面。一方面，国家福利住房排斥农村移民，另一方面，农村移民又无法负担商品房社区的高昂租金。因此，他们被迫选择租住在城市低租金区，在城市地区创造了移民飞地（Liu and Wu，2006，Shen，2002）。因此，户籍制度作为一个法定制度，影响着人们的生活与福利。户籍制度作为一种制度边界，又形成了居住边界区的核心，将城市人口分为城市居民与农村居民、永久居民与暂住居民、本土居民和外来人口。

5.3 住房制度改革及其影响

5.3.1 简述住房制度改革进程

新中国成立至 1977 年间，全国实行以工作单位（单位制）为基础的公有住房实物分配制度。秉承“统一管理、统一分配、以租养房”的政策，城镇居民的住房主要由所在工作单位解决，各级政府和单位统一按照国家的基本建设投资计划进行住房建设。以工作单位为基本单元，把建设好的住房以低租金的形式作为福利分配给职工居住（李雄，袁道平，2012）。

这一时期的住房政策充满了意识形态和政治（Zhang，1997a），其制度的特点是社会主义意识形态、福利哲学和宗族传统（Zhao and Bourassa，2003）。住房福利制度的目的是为城市居民提供低成本和体面的居所（Yu，2006），当时被视为社会主义优于资本主义的重要标志（Lim and Lee，1990）。

20 世纪 50 年代在私有土地转为国有制的过程中，为了实现社会主义成果共享，人人平等的目标，大多数城市私人住房被征收为国家所有，这一时期并没有住房市场，人们普遍认为提供住房是政府的职责。政府主导了城镇住房的生产、分配和管理。城镇住房建设多由各级政府投资，少数由单位自筹，建成后以低租金或免租金的形式分配给单位职工。因此，随着城市人口的增长，为人们提供住房逐渐成为国家财政支出的严重经济负担。由于当时住房被认为是非生产性的福利品，政府不愿意为改善住房条件或建设更多的住房而追加投资（Yu，2006）。在改革前的时期，住房短缺和不合标准的住房成为一个严重的问题。此外，专门的行政性住房福利分配不可避免地导致腐败，以单位为基础的准部落制分配方式也总是导致不同工作单位之间的住房不平等问题（Zhao and Bourassa，2003）。

住房制度改革始于 1978 年，旨在将国家住房福利制度转变为以市场为导向的住房分配制度。住房改革的原始和直接动力源于解决上述的严重问题。20 世纪 80 年代初起到 20 世纪 90 年代中期的改革中，城镇住房投资体制转变为以单位为主的国家、单位和个人共同投资，单位成为城镇居民住宅的主要投资者和供给者（柴彦威 等，2008）。此后，住房福利分配制度的改革主要内容包括租金改革、公共住房私有化和建立住房交易市场等（Chen and Han，2014），其目标是实现住房的商品化、社会化和市场化。1998 年，国家完全终止了住房福利分配制度，取而代之的是住房市场化分配制度，迎来了以市场为主导的城市住房供应的新时代（Wang，2001）。此后，住房私有化、商品化和社会化成为住房制度的主要特征（Zhao and Bourassa，2003）。

5.3.2 住房改革的社会空间影响

住房商品化改革最重要的社会空间影响之一是城市居住空间的分异（Wu，2005）。在住房改革前，居住空间分异是基于国家的再分配。通过国家的住房实物分配，城镇居民被分异到不同的单位社区中。住房商品化改革后，我国建立了住房商品交易市场，各级政府逐渐退出住房供应和分配过程，住房供应转为由市场机制主导。因此，城镇居民可根据自身社会经济特征和消费偏好，选择居住区位和住房与社区质量，住房选择行为相对自由化（刘望保，翁计传，2007）。不同的社会群体由于住房价格可负担能力的不同，通过市场价格选择机制分异到不同的居住空间中，产生居住空间分异。住房制度改革成为我国城市居住分异的重要影响因素。

具体来说，此时的居住分异有两方面的特征。一方面，1998 年开始实施住房市场化后，保障性住房建设一直处于停滞状态，直到 2006 年才有所改善，这导致城市公共保障性住房短缺。与此同时，有限的公共住房只分配给拥有当地城市户口的居民。随着我国城市化的快速发展，大批农村劳动力迁移到城市中，但却因缺少城市户口而被排除在住房保障体系之外。由于城中村住房多且便宜，从而成为很多人租住的选择（Shen，2002，Wu，2008b，Zhang et al.，2003）。另一方面，根据住房供给及治理模式的不同，我国现代城市居住空间可分为房改房、商品房、城中村、新中国成立前建设的住宅、员工宿舍五种类型。住房制度改革之后，商品房成为住房市场供应的主流。新建的商品房多以封闭式社区的形式建设。虽然商品房住宅的价格各不相同，但平均价格要比同一地段的城中村住房或老旧住房价格高，只有具备相应支付能力的家庭才能购买入住。其带来的结果是中高收入阶层通过市场机制的分选居住在新建的拥有更高质量的商品房中。伴随农村人口向城市迁移，大量城市外来流动人口（外来务工人员）被排除在城市公共服务设施之外，他们聚居在城中村、新中国成立前建设的住宅、员工宿舍、房改房等城市低租金住宅区。因此，不同收入阶层的居民分别居住在封闭社区与城中村中，产生了居住隔离和分异。例如，上海的研究表明当地居民已被“分异”到越来越多样化的、分层的住宅区中（Chen and Sun，2007b）。住房改革实际上加剧了社会和居住空间分异、居住隔离和住房不平等（Lee and Zhu，2006，Lee，2000，Yu，2006）。

5.4 社会空间转型与城市化

5.4.1 社会空间转型

从改革开放至今，我国经济经历了 40 多年的快速发展，形成了大尺度的社会空间重构与转型。国家计划经济向社会主义市场经济转型的主要特征为分权化、市场化和全球化等（Wei，2001）。首先，随着分税制改革和行政权力的下放，许多中央行政权力已转移到地方政府，地方政府的作用已经从实施中央计划转变为主导地方经济和社会发展的重要角色。1994 年实施的分税制财政体制改革是最重要的转变之一。分税制改革将税收分为中央税、地方税和共享税 3 部分。因此，中央和地方政府有各自税收收入以及共享一部分税收。一部分财政权力的下放为各级地方政府带来了更多的财力，从而在城市发展过程中形成了“地方—国家联盟”（Oi，1992）。伴随着财政体制改革的是政府投资改革，其赋予了地方政府更多的行政权力以吸引外国投资。中国向社会主义市场经济的转型中出现了制度灵活性（Dulbecco and Renard，2003）。Harvey（1989）认为国家的角色已经从城市管理主义转为城市企业主义（urban entrepreneurialism）。在城市发展中，各城市面对日益激烈的城市间竞争而激发了城市创新主义精神。吴缚龙等指出地方政府采取了许多发展策略来与国内和国际的其他城市竞争，城市治理理念从凯恩斯主义福利制国家转变为熊彼特式福利制后民族国家（Wu et al.，2007）。然而，虽然大多数学者都强调了地方政府的作用，但是仍有部分学者认为，尽管国家行政和财政权力下放到了地方政府，但国家仍是最终的决策者和监管者，在多尺度的城市经济活动中不断地发挥着重要的作用（Ma，2002）。

其次，一部分学者从市场化的角度来阐释我国的社会转型。吴缚龙认为新自由主义催生了我国市场社会的建立（Wu，2008a）。我国的市场化进程分为 3 个阶段。第一阶段是产品和价格领域的市场化。改革开放之后，关于企业生产、产品及其价格更多地由市场机制来决定，而不再完全由中央计划决定。第二阶段是土地、劳动力和金融等资源的分配和再分配转为由市场机制主导。市场化的最后阶段是私有化，即允许发展私有制企业和经济。

最后，改革开放政策吸引了大量境外投资。通过对外开放，我国及时抓住了全球产业转移的经济发展契机。在全球化浪潮下，全球工业资本已从发达国家转移到欠发达国家（Dicken，2003）。虽然 2020 年受全球新冠疫情的影响，出现了反全球化的趋势，但是改革开放至 2020 年间，伴随全球化的全球产业转移和外商投资极大地促进了我国经济的发展，为我国的城镇化发展和经济快速增长提供了资金和动力。因此，在过去的 40 多年，我国最重要的社会转型是从计划经济转变为中国特色社会主义市场经济。市场经济激活了城市中不同的行为者，如各级政府、企业、社会团体和市民等非国家行为者的能动性，促使他们根据市场机制参与到城市建设和运行过程中。

在大的社会转型背景下，我国城市的社会空间结构也发生了相应的转型（冯革群 等，2016）。新中国建立至改革开放前，社会空间的高度均质化、工作与居住相邻近、以单位大院为主要空间结构单元都是我国城市的主要特征（Gaubatz，1999）。改革开放后，我国城市经历了巨大的转型，多中心、城乡一体化的巨型城市取代了原有城市与乡村界线分明的单中心集聚城市，城市与乡村的界线变得越来越模糊。在大城市内部，城市空间结构出现破碎化，原有功能整合和居住混合的单位制空间演变为一个个功能分裂的城市飞地空间，如封闭社区、城中村、大型购物中心、大学城、经济发展区等，它们常由围墙、栅栏等门禁系统围闭，物理上与周边地区相隔离，人们的自由进入受到选择性的限制。这种由拼贴型的、功能单一和文化同质的各种飞地单元构成的新式城市内部空间结构，称为城市飞地主义（Enclave urbanism）（Wissink et al.，2012）。城市地理学的研究文献表明，在城市中快速蔓延的飞地主义作为全球化进程的一部分，将导致马赛克式的封闭和同质化的空间逐渐取代开放性的、多元化的城市公共空间（Douglass et al.，2012）。

5.4.2 城镇化

在过去的 40 多年里，城镇化是我国最重要的发展进程之一。中国城市结构条件的转变可以描述为从国家主导的大规模的工业化转向城市主导的集约型的城镇化（Wu et al.，2007）。中国城镇化的快速发展主要在两条不同的脉络上展开：一方面是传统的政府主导的城镇化；另一方面是源于当地发展和市场力量主导的自发的城镇化（Zhu，1999）。中国的城镇化进程以新自由主义城镇化和快速的以城市为中心的财富积累为特征（He and Wu，2009a）。

根据人口统计数据显示，截至 2018 年底，中国在大陆的总人口达到 139538 万人，其中超过一半的中国人口（83137 万人）居住在城镇中，城镇化率为 59.58%，是 1978 年（17.92%）的 3 倍（国家统计局，2019）。中国农村人口向城市地区的大规模迁移引起了全世界的关注。其不仅关注中国快速的城市化发展进程所取得的成就，而且也关注城镇化发展带来的问题，如由于户籍制度的限制造成的社会不平等问题等。2018 年中国户籍人口城镇化率只有 43.37%，流动人口数约为 2.41 亿人（国家统计局，2019）。流动人口是指没有当地城市户口的城市移民（Liang and Ma，2004），在城市的发展过程中，部分流动人口通过农转非等政策实现了市民化，而另一部分则由于缺乏城市户口而被不平等地排除在城市福利体系之外。

5.5 广州市及番禺区的城市发展背景

5.5.1 广州市番禺区的基本概况

广州市是国家社会空间重构和转型的重要发生地。广州市作为一座具有 2000 多年建城历史的文化名城，虽然在 1949 ~ 1978 年期间在全国的地位和作用有所下降（Xu and Yeh，2003），但其一直起到中国通往世界的南大门的作用。改革开放后，广州市利用沿海优势和国家政策优惠，成为首批 14 个沿海开放城市之一。从那时起，广州市一直是改革开放的前沿阵地。

当前，虽然近年 GDP 总量被深圳市超越，但广州市仍然是公众认可的中国第三大城市。在过去的 8 个五年计划期间，广州市在全国保持了高于全国平均水平的高经济增长率（图 5-2）。2019 年广州市的总人口约为 1531 万。然而，只有 954 万（62.3%）的人口登记为广州市户籍，其中包括 824 万城市户籍人口和 130 万农村户籍人口。2019 年，广州的国内生产总值达到 23628.6 亿元人民币，人均国内生产总值达到 156427 元（广州统计局，2020）。

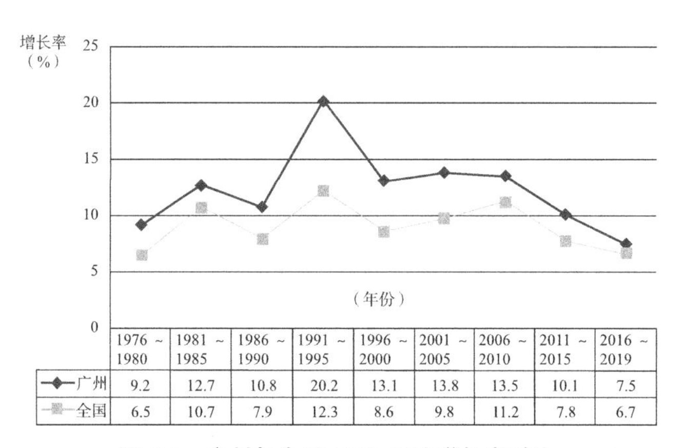

	1976 ~ 1980	1981 ~ 1985	1986 ~ 1990	1991 ~ 1995	1996 ~ 2000	2001 ~ 2005	2006 ~ 2010	2011 ~ 2015	2016 ~ 2019
广州	9.2	12.7	10.8	20.2	13.1	13.8	13.5	10.1	7.5
全国	6.5	10.7	7.9	12.3	8.6	9.8	11.2	7.8	6.7

图 5-2　广州与全国 GDP 平均增长率对比

（数据来源：广州统计年鉴（2019），中国统计年鉴（2019））

番禺区地处广州市的南部，在地理位置上与广州市中心城区被珠江水系阻隔。新中国成立后，番禺区经历了几次行政区划调整。1992 年番禺撤县改市。2000 年，番禺从“县级市”改为广州市的一个区。2005 年，番禺区的南部各镇划分出来成立了南沙区。2012 年，番禺区的榄核镇、大岗镇、东涌镇 3 个镇（图 4-1 中标有番禺 b 的部分）被划归南沙区管辖，从而形成了现今的番禺区行政管辖范围。番禺区的常住人口为177.7万人，城镇化率为89.13%，其中户籍人口98.94万人，流动人口157.86万人（番禺年鉴，2019）。本书选择番禺区作为研究地主要有以下原因。首先，广州地区是中国经济发展和社会转型的典型代表，而番禺区从一个独立的县发展成为广州市不可分割的一部分，能集中体现中国城市发展的转型特征。其次，在广州市经济快速发展和城市化的过程中，番禺区是广州市居住郊区化的重点区域，产生了众多的封闭社区。最后，作为广州的南部郊区，番禺区存在大量封闭社区与城中村毗邻居住的典型居住边界区景观和现象，在研究上具有典型性和代表性。

5.5.2 郊区化作为居住边界区发展的背景条件

在城市发展过程中，郊区化通常在经济增长和城市化发展到一定的阶段后出现。中国城镇最早的郊区化现象始于20世纪80年代中期（Zhou and Ma，2000），但广州的郊区化现象起始于20世纪90年代。到2000年后，郊区化已成为广州城市发展的重要力量（周春山，边艳，2014），而番禺区正是广州居住郊区化的重要区域。交通发展和行政区划调整对广州及其南部的郊区化进程发挥着重要的作用。总体上，广州与番禺之间的郊区化进程可以为4个阶段：准备阶段（1978—1990年），早期起步阶段（1990—2000年），快速发展阶段（2000—2010年）、趋于成熟阶段（2010—今）（表5-3）。

广州市居住郊区化的条件和特征　　　　表5-3

时间阶段	准备阶段（1978—1990年）	早期起步阶段（1990—2000年）	快速发展阶段（2000—2010年）	趋于成熟阶段（2010—今）
广州和番禺的重大事件	改革开放（1978年）； 首批14个沿海开放城市（1984年）； 与香港形成“前店，后厂”的产业发展模式； 广州部分产业向南番顺等地区转移； 番禺“县”乡镇企业发展； 洛溪大桥通车（1988年）	广州与番禺之间交通条件的改善：番禺大桥和华南快速路的建设； 番禺区的房地产开发； 地方经济发展：番禺成为县级市（1992年），成为中国最具竞争力的百强县之一，排名第12位（1995年）	行政区划调整：番禺撤市改区（2000年）； 新光快速路开通； 广州“南拓”城市发展战略的提出（2001年）； 公共交通发展：地铁3号4号线（2005年）； 南沙区与番禺分离（2005年）； 广州大学城建设	广州亚运会的举办； 广州南站建设（2010年）； 三个欠发达的南部城镇并入南沙区（2012年）； 地铁2号、7号线开通； 长隆汉溪万博商贸旅游中心
特征	快速城市化和广州市的首位度不断增强； 番禺区的就地城市化	广州与番禺之间的经济联系不断增强，郊区化现象出现； 郊区化的主要人口：中高收入人群和中国香港地区人群	番禺到广州市中心形成30分钟通勤圈，成为广州市区中心区的一部分； 郊区化的主要人口：中产阶级和白领阶层	产业发展，逐渐走向产城融合发展； 城市发展的重点区域； 纳入广州主城区

（来源：作者自绘）

1. 准备阶段（1978—1990 年）

在这一时期，番禺是一个独立的县，虽然番禺县隶属于作为副省级城市的广州，但在财政和行政权力上相对独立，具有较大的自由裁量权。总体上，此时的广州和番禺在行政上是两个较为独立的城市。

1978—1990 年间，由于广州毗邻香港，改革开放后，受亚洲“四小龙”产业转移的影响，香港与珠江三角洲的经济发展逐步形成“前店，后厂”的模式。“前店”是指香港负责销售珠三角生产的产品，“后厂”是指广州和珠江三角洲的其他城市作为产品生产的“工厂”。在这一时期，广州的城市拓展主要是向东部和北部地区（Xu and Yeh，2003）。在快速的城市扩张中，广州采用了一种快速的、较粗放的、低成本的城市拓展方法。在城市向外围的拓展中绕过了村落的已建区，从而导致大量城中村的出现。这一时期，由于跨江交通基础设施建设成本高，珠江水系成为广州和番禺的地理障碍，有效地阻止了广州建成区向南部番禺地区扩张。总体上，广州向南的城市扩张主要在海珠区，并没有扩展到番禺。

在这一期间，番禺的城市化发展模式与广州的城市化模式略有不相同。番禺的城市化主要源于自下而上的推动力，这一模式同样发生在江苏省的大部分县域城市（Ma and Fan，1994）。1984 年，中央出台了一项鼓励农村户口人员“离土不离乡，进厂不进城”的政策。在这一政策的激励下，城镇户口对人口流动的限制逐渐放宽；同时伴随着农业用地的商业化进程，番禺出现了大量村镇企业。村镇企业大量出现形成了“村村点火，户户冒烟”的景象，乡镇企业逐渐成为番禺产业发展的支柱产业。例如 1991 年，番禺农村企业数达到 2718 家，乡和镇级企业达 424 家。他们的工业产值分别为 1.03 亿元和 1.80 亿元，合计占番禺工业总产值（5.0780 亿）的 55.73%。番禺村镇“三来一补”加工制造业的发展，尤其是乡镇劳动密集型产业的发展，吸引了大量本地农村劳动力和外地农村劳动力从务农转为务工。番禺工业化的发展推动了其农村劳动力的就地城市化，这一自下而上的城市化模式同样也发生在福建省（Zhu，2000）。

2. 早期起步阶段（1990—2000 年）

连接番禺与广州市区的洛溪大桥和华南快速路分别于 1988 年和 1998 年建成，这有效地打破了珠江水系对番禺与广州市区的地理阻隔。交通条件的改善缩短了广州与番禺之间的通勤时间与距离，促进了广州与番禺的经济联系。广州城市的经济增长和逐渐增强的城市实力，使得城市功能的溢出效应日益加强。与此同时，乡镇工业的蓬勃发展承接了广州的经济溢出，番禺的经济取得了快速的发展。由于强劲的经济表现，番禺于 1992

年被提升为县级市，由广州市政府直接管辖。同年番禺还获得了“中国百强县”的荣誉称号，其经济总量排名在全国百强县的第12名。

与广州市区连接的交通条件的改善同样刺激了番禺房地产业的发展。洛溪新城、广州碧桂园、广州奥园、祈福新邨等许多大型房地产项目落户番禺。根据番禺政府2001年的一项调查显示，当年约有116个房地产项目在建设或销售，住宅总建筑面积达到5023万m^2。大多数房地产楼盘项目位于靠近广州市区的番禺西北部。但是由于广州市区与番禺之间的公共交通发展滞后，两地之间的通勤交通仍然以私家车为主。在这一时期，番禺的环境相比广州市区优美，房价相对便宜，第一波接受番禺区居住郊区化的人群主要为来自广州的高收入人群，他们大多选择番禺作为第二居所或休闲度假胜地。

3. 快速发展阶段（2000—2010年）

城市区域化是城市转型的主要特征之一。城市区域化常发生在一个城市向外扩张并意图控制更大的区域范围之时（Shen，2007）。城市区域化的目的是扩大经济版图，增强城市实力，以应对日益激烈的城市间竞争。广州市的城市区域化现象特征显著。2000年，番禺和花都两个县级市分别撤销，设立为广州的两个区。根据2001年《广州城市建设总体战略概念规划纲要》，广州市的城市发展战略发生了调整，提出了“南拓、东进、西联、北优、中调”的城市发展战略定位。广州市“南拓”的战略为番禺区带来了大发展的机遇。广州市政府提出了诸多改善番禺区基础设施建设的计划。例如，海怡大桥、地铁3号线和4号线的开通，极大地增强了广州和番禺之间的交通联系。尤其是地铁线开通之后，番禺到广州市区的交通通勤时间缩短到30分钟之内。

公共交通便利程度的增强和房价的优势，使得番禺区成为众多中产和白领阶层买房居住的首选地。在2000—2012年间，番禺区本地户籍居民人口几乎保持不变，但是流动人口（或暂住人口）却大幅度地增加，这表明外来流动人口在这一时期成为番禺人口增长的主要动力（图5-3）。房地产业在这一阶段取得了蓬勃发展，根据番禺区政府的调查显示，2009年番禺区房地产开发项目数量上升至146个，比2001年增加了30个。

4. 趋于成熟阶段（2021年至今）

进入2010年之后，番禺区的郊区化逐渐走向成熟阶段。番禺区开始大力发展科技和商贸服务业，促进产城融合发展。广州南站、长隆汉溪万博商贸旅游中心、思科智慧城的建成等都是瞄准高端生产性服务业，助推番禺区的产业升级。通过在番禺区设置副中心，完善高端服务功能，减轻

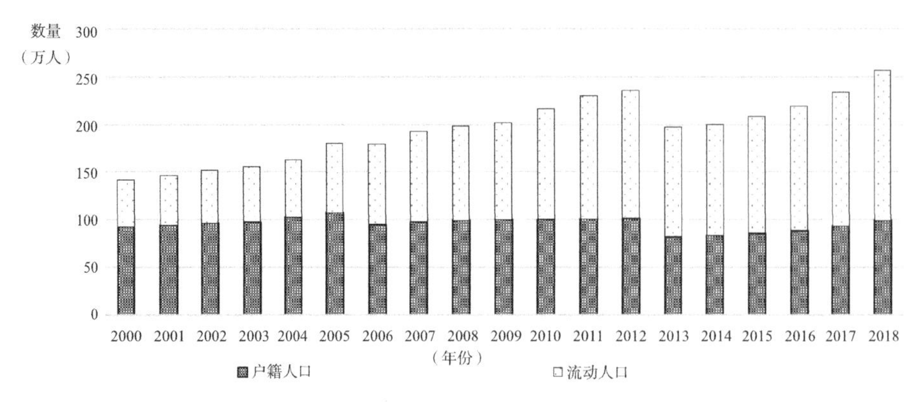

图 5-3 番禺区人口发展情况

（数据来源：2005 年以后的户籍人口和流动人口数据来自番禺统计年鉴（2013 年）；2005 年以前的流动人口数据来自广州市公安局番禺分局。）

从番禺区往返广州市中心的日常通勤交通，促进番禺区人口的本地就业和消费。地铁 2 号线和 7 号线的开通，不仅在南北轴线上加强了番禺区与广州市中心的交通连接，同时也在东西方向加强了番禺区的交通连接，进一步完善了番禺区的公共交通，优化了番禺区城市空间格局。总体上，这一阶段，番禺区逐渐从广州市的郊区发展成为广州市的新兴主城区。

5.5.3 “村改居”政策

“村改居”政策是指将城镇村民的农业户口转为非农业户口，同时在行政建制上将农村村民委员会改为居委会或社区委员会的政策。“村改居”政策始于 20 世纪 80 年代的沿海城市地区，特别是在珠江三角洲地区。在快速的城市化过程中，地方政府征收了大量城郊区的农业用地用于城市发展，导致很多村庄失去了农用地，村民不再从事农业活动。“村改居”政策规定：当农村不再以农业生产为主要生产活动，且至少有 2/3 的农民不再从事农业劳动、不再以农产品收入为经济来源时，则满足“村改居”的条件。

“村改居”政策的实施可以分为两个阶段。第一阶段是从 1984—2000 年间，大部分城中村改变了行政建制，从村民委员会转为居民委员会或社区居委会。这一阶段，地方政府多通过行政命令式的做法主导了“村改居”的实施，但未能很好地兼顾村民的意愿（曹国英，2010）。2000 年后，民政部出台关于在全国推进城市社区建设的意见[①]，开始规范“村改居”的实

① 中共中央办公厅和国务院办公厅关于转发《民政部关于在全国推进城市社区建设的意见》的通知（中办发 [2000]23 号）2000.11.

施。中央要求地方政府因地制宜地实施“村改居”政策，鼓励对村庄进行分类和考虑政策的适用性，同时要求地方政府在村委会转为城市社区后，为村民提供与城市户口等同的城市福利和保障。但是，地方政府并没有全部实施这一政策意图，大多数改制后的村庄只享受地方或国家福利的一小部分，其福利待遇并不等同于城市户籍人群。因此，“村改居”创造了一类新的城市户籍，即为村民提供了一些社会福利和保障，却永久地剥夺了他们的农村集体用地使用权（Hong and Chan，2005）。

为落实国家民政部的政策条件，广东省政府印发了《广东省民政厅关于在全省推进城市社区建设的意见》。意见要求广东省范围内所有符合“村改居”行政转换资格的村庄应于2002年6月前完成“村改居”。因此，大部分城中村在这一时期被转为城市社区。村民的农业户口转为享有部分国家和地方政府提供的福利待遇的新型城市户籍。虽然村民通过“村改居”持有了城市户口，但并不能像完全拥有城市户口的市民一样充分享有国家和地方政府提供的社会福利。根据“村改居”政策，村庄改制后，村内的道路维护、清洁水和卫生、社会保障、环境服务和教育等公共服务应纳入地方政府的财政支出范畴。但在实际操作中，由于地方政府的财力有限，实际上很多“村改居”的村落的公共服务支出只有一小部分获得了政府的财政资助，这些公共服务支出大部分仍由村委会负责（李立志，2013）。自20世纪90年代初以来，番禺区同样实施了“村改居”的政策，把大部分村落的建制改为居委会或社区委员会。但是行政建制上的转变，并没有实际改变村落的生活、产业和景观等形态。

5.6　总结

居住边界区诞生于一定的社会、经济和政治环境条件中，并在城市中呈现。我国城市多尺度和多维度的城市结构条件是居住区边界动态进程的基础。

制度改革对居住边界区景观的生产产生了根本性的影响。从严格的户籍管制到逐步放宽的户籍制度改革，推动了农村人口向城市的迁移；从土地赠予使用到土地城乡二元体系下的土地使用权租赁改革，影响了城市用地的布局，出现了城乡二元的用地景观；从住房实物福利分配到住房商品化分配改革，影响了城市人口的居住空间分异；分权式改革则增强了地方政府的作用，激活了地方政府的活力和动力，使地方政府成为城市发展的一个主导性角色。

广州作为中国城市空间结构和社会转型的典型代表，自1978年以来经历了40多年的快速城市化发展。在广州市“南拓”战略的城市发展思路下，番禺区成为广州城市发展的重点区域，极大地推动了广州向番禺区的郊区化进程。随着产业、商业等服务配套设施和城市职能的不断完善，番禺区逐渐从郊区型城市向副中心性城市发展。番禺区的居住郊区化则是番禺区居住边界区景观产生的直接原因。因此，下一章将详细探讨番禺区的居住边界区现象以及发生在居住边界区内部的人员流动现象。

6 广州居住边界区的分布与功能流动特征

6.1 广州居住边界区空间分布——以番禺区为例

我国大城市郊区主要以封闭社区、城中村等为主要的居住形态，存在显著的城市空间破碎化特征。一个典型的现象是封闭社区与城中村相互毗邻，但由于封闭社区围墙的存在，两个不同收入类型的群体相互邻近而又分隔而居。学者把由两个相邻的、存在社会空间差异的飞地式居住区共同组成的，其发展受到居住区边界影响的地域定义为城市居住边界区（Residential Borderlands）。本章主要分析位于广州市城郊的封闭社区及与其主要出入口相邻的村落所组成的居住边界区。

受居住郊区化的影响，广州番禺区的房地产业经历了蓬勃的发展。在土地征收过程中，地方政府多只征收农用地转为房地产开发用地，而绕开了大部分村庄的已建设用地。同时，由于房地产开发商对此常采用封闭式社区的居住形式，从而导致大量封闭社区与村庄相邻的现象出现。

具体来说，广州番禺区的商品房开发项目以封闭式社区的建设模式为主有以下原因：首先，由于建设用地来自当地村庄，开发商在地块周围设置围栏可以表示土地使用权的地域范围。其次，在社区周边建设围墙则有助于管理社区内的公共服务设施。20 世纪 90 年代，番禺区存在规划治理的真空期，城镇发展缺乏统一的规划，导致当地的整体建设空间被破坏。与此同时，广州市的城市基础设施和公共服务设施大多集中在市中心，像番禺区这样的郊区供不应求。公共基础设施的缺乏迫使房地产公司建造大量私有化性质的社区服务设施以吸引购房者。例如，顺德碧桂园公司不仅在社区内建造了学校、超市和游泳池等社区公共服务设施，还建造了独立的供水系统等基础设施。最后，由于比邻农村集聚大量流动人口，社区的安全是购房者和房地产公司考虑的重要因素。因此，番禺区的大多数房地产项目都采用封闭社区的建设形式。

根据从当地政府获取的一份房地产楼盘清单（146 个）及第二次全国

土地利用调查数据，本书在番禺区选择了 134 个封闭社区。对于房地产项目是否为封闭社区，主要由 3 个途径确认：一是，在地域空间方面参考谷歌地图的用地影像；二是通过搜集房地产公司的营销材料，寻找社区自身的定位；三是通过作者及项目组成员的实地调研。从封闭社区的空间分布图（图 6-1）来看，番禺存在大量的居住边界区，尤其是番禺的西北部。根据土地利用数据的 ArcGIS 面积计算，这些封闭社区的土地面积共计 3752hm^2，其中包括 41 个占地面积超过 20hm^2 的封闭社区。本研究选取用地面积大于 1hm^2 的封闭社区，单栋封闭式建筑或用地面积小于 1hm^2 的小规模封闭式楼盘不属于研究范围。

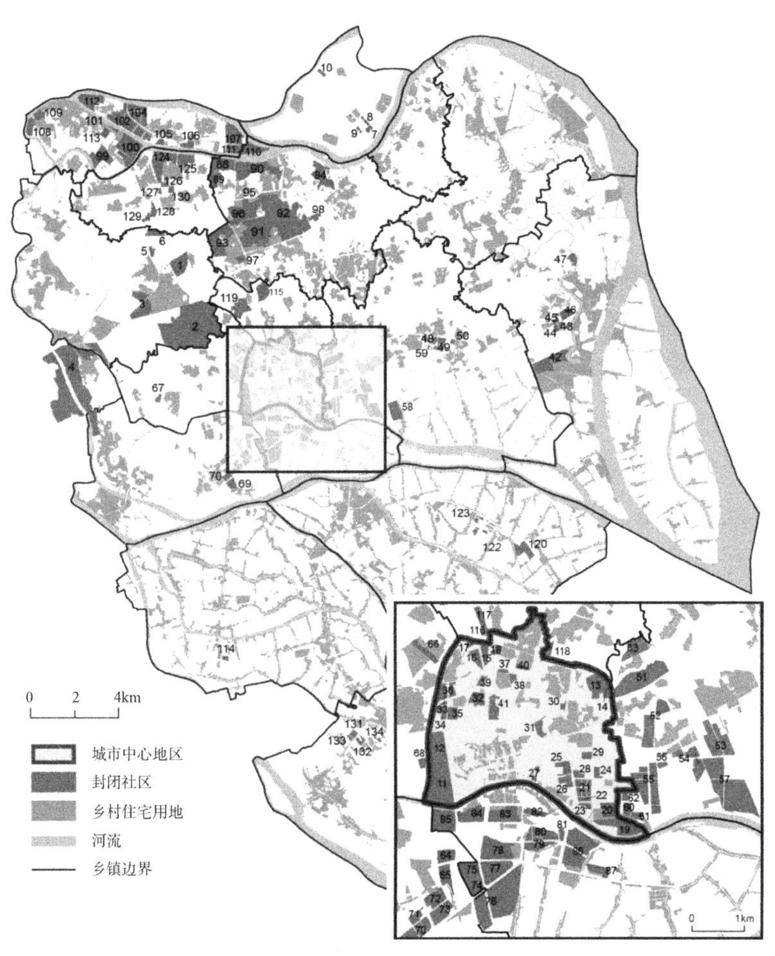

图 6-1　番禺区封闭社区与农村聚落分布图

（来源：作者自绘）

基于 ArcGIS 的缓冲区分析可以发现，在 200m 的缓冲区内，研究范围内有 118 个封闭社区与农村聚落相交；在 500m 的缓冲区内，有 130 个相交；

在 1000m 的缓冲区内，所有列出的封闭社区均与农村聚落相交。可见，所识别的番禺区的封闭社区都与当地农村建设用地相邻。

另外，居住边界区内的两类相邻社区之间存在显著的物质环境差异。封闭社区边界的两侧通常有截然不同的建筑景观：封闭社区内部是拥有高层建筑的现代社区，外部相邻住区则是环境破旧、建筑密集的城中村聚落。图 6-2 直观展示了番禺区居住边界区的“景观反差”。图 6-2（a）显示，远景的新月明珠封闭社区的高层建筑被低矮、密集的番禺礼村城中村所包围，并形成鲜明对比。图 6-2（b）右侧的顺德碧桂园封闭社区与左侧的三桂村平行，两者仅一墙之隔。图 6-2（c）中，居住边界区的封闭社区围墙由带刺铁丝网、铁栅栏和围墙组成，体现了社区封闭管理的严格。图 6-2（d）中，城中村的个体经营户在封闭社区的外围等待顾客的光临，而他们的顾客大多来自位于他们身后的封闭社区。除了空间形态的差异，居住边界区的两类社区在人口结构上同样存在明显差别。封闭社区主要为中等及以上收入的居民，而附近的城中村则主要为城市低收入群体，包括原住民、农民工和部分城市户口居民。

（a）　（b）　（c）　（d）

图 6-2　番禺居住边界区景观

（来源：作者自摄）

6.2 3个典型的居住边界区

6.2.1 居住边界区的3种类型

基于社区服务设施（例如商业、教育和医疗设施）的封闭程度和供给模式（私人供给与否），可将居住边界区划分为全封闭自给型、半封闭自给型和小组团公共供给型三类。全封闭自给型是指封闭社区的社区服务设施基本由房地产商建设，并与居住房屋一道围闭起来供社区居民专享（类型A）。半封闭自给型是指封闭社区的社区服务设施由开发商建设，但是集中安排在社区外部的开放区域，允许公众的自由访问，社区只围闭居住建筑（类型B）。小组团公共供给型是指开发商不配套社区服务设施，大部分社区服务设施由城市公共配套或相邻的村落配套，社区公共服务设施多位于周围的村庄区域（类型C）。

6.2.2 3个典型的居住边界区

根据上述归纳的3种居住边界区类型，分别选取顺德碧桂园、祈福新邨和锦绣花园三个居住边界区进行实证研究。选定的居住边界区都包括一个封闭社区及一个与其邻近的非封闭式管理的城中村。如前文图4-3所示，选定的居住边界区包括顺德碧桂园封闭社区和邻近的三桂村，祈福新邨封闭社区和邻近的钟一村，以及锦绣花园封闭社区和邻近的胜石村和钟四村。这3个封闭社区的位置分别对应图6-1中的编号4、2和3。

封闭社区围墙内外的居住环境和收入水平存在显著的差异。调查选取的顺德碧桂园、祈福新邨和锦绣花园均始建于20世纪90年代，环境优美、治安良好，是较成熟的封闭社区，居民多为中等收入人群；其毗邻村落分别为三桂村、钟一村和钟四村，是城郊区的典型城中村，村内房屋老旧，街道杂乱，居民主要为当地村民和外来流动人口（表6-1，图6-3）。

3个典型居住边界区的基本情况　　表6-1

类型	全封闭自给型		半封闭自给型		小组团公共供给型		
居住边界区	顺德碧桂园	三桂村	祈福新邨	钟一村	锦绣花园	钟四村	胜石村
占地面积（hm^2）	456	244	399	391	250	135	67

续表

类型	全封闭自给型		半封闭自给型		小组团公共供给型		
常住人口	约 35000 人（2010 年）	约 6621 人（户籍人口 4195 人，2014 年）	约 32000 人（2018 年）	15093（其中户籍人口 5124 人，2010 年）[①]	约 14719 人（2010 年）	5233（户籍人口 1630 人，2012 年）	4034（户籍人口 1469 人，2012 年）
始建时间（现状建筑年代）	1992 年	北宋初期（1950s-1990s）	1991 年	南宋末年（1950s-1990s）	1997 年	南宋末年（1950s-1990s）	清代（1950s-1990s）
租房价格（元 /m^2）	28	15	34	20	30	18	18

（来源：作者自绘，人口数据来自 2010 年人口普查数据，2013 年番禺区村庄规划现状调查表）

图 6-3　封闭社区与比邻村落的居住环境对比图

（来源：作者自摄）

顺德碧桂园社区地处广州与佛山交界处，社区一部分位于番禺区，而大部分位于佛山市顺德区。由于社区建设用地来自碧江村和三桂村，因此，在社区取名时各取两个村名的一个字组合而来，名为碧桂园。顺德碧桂园是一个完全封闭型社区，社区公共服务设施配套完善，社区内所有的住宅和社区服务设施均采用围闭管理。2010 年社区约有常住人口 35000 人。由于西部受珠江水系的分割，三桂村几乎完全被顺德碧桂园社区所包围，只留有一条道路通往外面。三桂村建村历史久远，起源于北宋初期。全村现有占地面积约 244hm^2，下辖中心村、桂东村、新基村、桂南西村 4 个村。2014 年常住人口 6621 人，其中户籍人口 4195 人。村民收入主要由村集体经济股份收入

① 番禺年鉴 2019，http://www.panyu.gov.cn/gzpy/2018y/pynj.shtml

分红、房屋出租和个人务工所得三部分组成。村内的工业以塑料加工、家具制造和五金加工为主，农业以观赏性花木和年桔类种植为主。

祈福新邨位于番禺区的西北部，占地面积约为399hm^2。社区常住居民约为32000人（2018年数据），其中包括27136名内地居民，约2700名来自中国香港、澳门或台湾地区的居民，以及约2500名外国人（Zhongcun Subdistrict Office，2014）。祈福新邨的生活配套设施完善，学校、银行、邮电局、派出所、消防局、大型现代化肉菜市场、超市、大型商场、快餐店、食街及对外交通巴士站等一应俱全。但是在空间布局上，祈福新村只是对居住区进行围闭管理，对生活配套设施则集中安排在围墙外部的开放区域。与其比邻的钟一村占地面积约169hm^2，居住人口15093人，其中有村民5124人和外来流动人口9969人（含居住半年以下人口2995人，2010年数据）。钟一村村民住宅呈现低层高密度的特征，建筑层数大致为2～3层。村民收入以自主务工为主，村集体股红分配为辅；另外有住宅出租收入，租金约20元/月·m^2（建筑面积）。

锦绣花园位于番禺西北部，邻近大夫山森林公园。锦绣花园采取组团式布局，包括长江数码花园、锦绣生态园、锦绣花园南小区、锦绣花园北小区、锦绣趣园等五个居住组团，占地总面积约250hm^2，居民约14719人。锦绣花园除了设有部分教育设施和便利店外，大部分商业设施沿街布置，社区公共服务设施主要依赖附近的钟村街[①]（镇）配套。与其毗邻的钟四村和胜石村，面积合计约202hm^2，2012年拥有居住人口合计9267人，其中，常住户籍人口3099人，居住半年以上（含半年）非户籍人口6168人。

6.2.3 3个典型居住边界区的公共服务设施分布情况

社区公共服务设施是影响社区居民满足社区基本公共服务需求的重要因素。通过对高德地图中3个典型居住边界区的公共服务设施兴趣点（POI）的爬取，剔除与居民日常生活无关的设施，共获取3982条POI数据。分析3个典型居住边界区的公共服务设施分布情况，并重新归类后分为购物消费、餐饮、生活服务、金融邮电、公共交通、体育休闲娱乐、医疗卫生、科教文化八类社区公共服务设施。总体来说，村落中的社区公共服务设施无论在数量上还是在每千人人均拥有量上都要比封闭社区的公共服务设施多；购物消费、餐饮和生活服务设施的数量最多（表6-2）。可见，3类布

① 钟村街道办原为钟村镇，下辖钟一村、钟二村、钟三村、钟四村、诜敦村、胜石村、汉溪村、谢村共八个村。

局的封闭社区均存在社区公共服务设施配套不充分的情况，需要依赖毗邻村落的公共服务设施。

社区公共服务设施数量　　表 6-2

类别	具体设施项目	数量（个）					
		祈福新邨	钟一村	顺德碧桂园	三桂村	锦绣花园	钟四村与胜石村
购物消费设施	商场、超市、菜市场、杂货店、日用品店等	111	367	25	116	292	351
餐饮设施	饭店、餐馆、甜品店、快餐店等	137	374	21	68	158	417
生活服务设施	美容美发店、摄影冲印店、洗衣店、家政、家电维修	19	153	7	26	76	120
金融邮电设施	邮局、银行、电讯服务点	28	56	15	13	82	36
公共交通设施	汽车站、公交站点、地铁站	6	2	0	2	4	2
体育休闲娱乐设施	运动场馆、棋牌室、公园广场、游泳场、健身房、体育彩票、KTV、洗浴中心	33	50	14	6	9	50
医疗卫生设施	药店、诊所、卫生服务中心、医院	17	95	5	14	65	63
科教文化	文化活动中心、学校、初中、小学、幼儿园	42	186	29	47	76	97
合计		393	1283	116	292	762	1136
每千人人均拥有量（个/千人）		12.3	85.0	3.3	44.1	51.8	57.7

（来源：作者自绘）

从社区公共服务设施的空间分布情况来看，在3个居住边界区中，顺德碧桂园的社区公共服务设施配套人均拥有量最低（图 6-4 ~图 6-6）。顺德碧桂园的公共服务设施基本分布在社区内部，与之比邻的三桂村公共服务设施主要沿三桂大道呈现带状分布。祈福新邨公共服务设施除部分散布在社区中，主要布置在社区外的祈福缤纷汇附近。钟一村的公共服务设施密度比祈福新邨高。钟一村的公共服务设施主要呈现点状聚集和带状分布的情况，点状聚集分布在钟福广场周边，带状分布分别沿紧邻祈福新邨的钟屏岔道和钟村人民路两侧。锦绣花园的公共服务设施主要通过底商的形式沿社区周边分布，而其周边的公共服务设施主要分布在钟村街道办城镇中心主要道路两侧。在3个社区中，每千人公共服务设施人均拥有量最多的是锦绣花园小区。

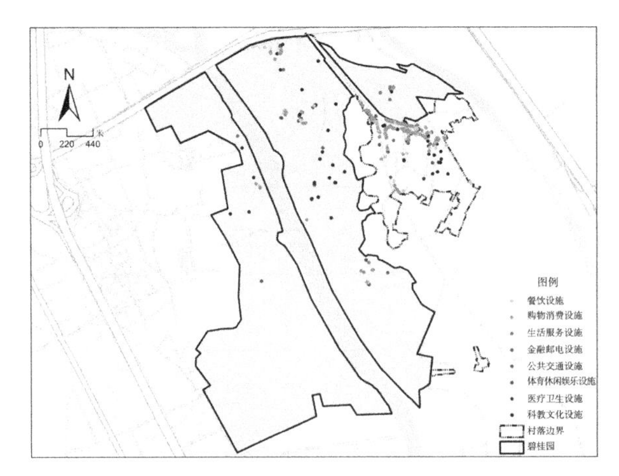

图 6-4 顺德碧桂园社区公共服务设施分布情况

（来源：作者自绘）

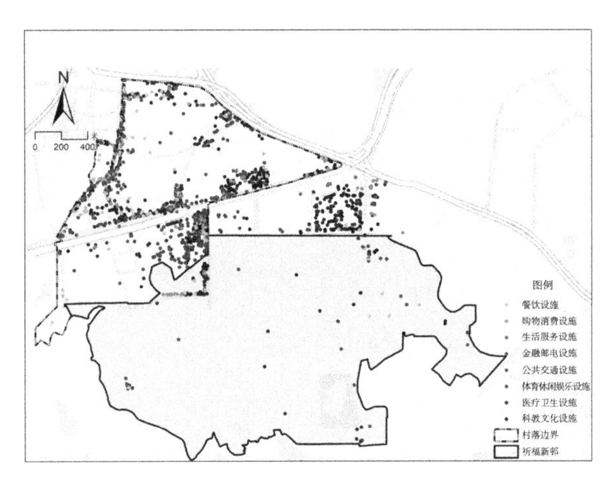

图 6-5 祈福新邨社区公共服务设施分布情况

（来源：作者自绘）

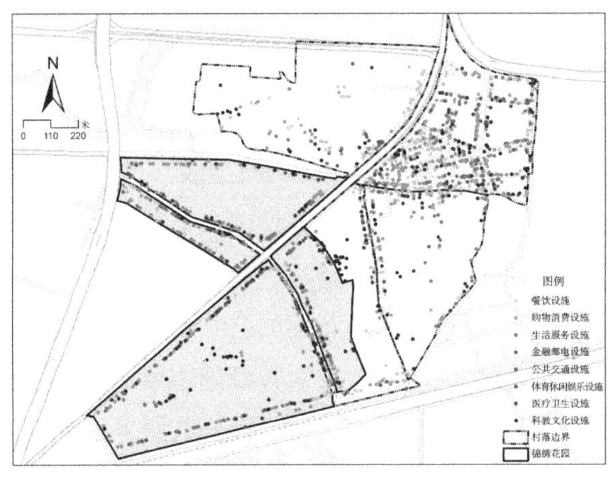

图 6-6 锦绣花园社区公共服务设施分布情况

（来源：作者自绘）

6.2.4 封闭社区居民前往毗邻村落的跨界流动典型案例

封闭社区除了设有汽车和居民日常外出的大门外，还常开设专门通往附近村落的便利性生活出入口（小门），以供社区居民日常步行或骑行进入毗邻村落进行购物或消费活动。尽管3种类型的社区公共服务配套不同，但是均有开设进出附近城中村的生活性出入口（图6-7）。本书分别在两个时间段对3个案例地进行了行为跟踪观察。生活性出入口是一个显著的跨界功能流动现象，表明两个毗邻居住社区之间存在一定的功能互补。

（a）顺德碧桂园

（b）顺德碧桂园生活性小门

（c）锦绣花园（趣园）主出入口

（d）锦绣花园（趣园）生活性小门

（e）祈福新邨主出入口

（f）祈福新邨生活性小门

图6-7 封闭社区的主出入口和便利性出入口

（来源：作者自摄）

在实地调查中，选择了顺德碧桂园 [图 6-7（b）] 和锦绣花园的生活性步行出入口 [图 6-7（d）] 作为观察的起点。由于祈福新邨是一个拥有许多居住组团的大型社区，组团之间和社区内外的连接主要通过社区穿梭巴士实现。对祈福新邨的居民行为跟随观察则选择离邻村落最近的一个穿梭巴士站点作为观察的起点。由于居民的短途出行可能有多个目的地，行为跟踪记录的内容为居民抵达对应村落的首个活动目的地，而不是跟踪观察居民的整个短途活动旅程。

封闭社区与毗邻村落之间存在典型的居民日常生活流动现象。针对居民从封闭社区的便利性出入口步行出行的最短距离、平均距离和最长距离，观察到的出行活动各不相同（图 6-8）。就平均距离而言，顺德碧桂园的便利性出入口距村只有一街之隔，居民步行抵达第一目的地的平均出行距离约 300m。居民出行活动包括在社区出入口旁的底商消费，前往三桂村的三桂菜市场消费，以及前往三桂小学接送小孩等。从祈福新邨社区穿梭巴士站步行前往钟一村的距离约 400m，其居民步行出行距离为 300 ~ 600m。居民有的就近在社区附近的钟福广场、长华创意谷活动，有的去钟一村菜市场购物。锦绣花园便利性出入口距村约 300m，但大部分居民出行距离在 600m 左右，有的居民前往钟四村村口的公交站点搭乘公共交通，有的则去村里的银行取钱、办理业务等。从观察到的最长步行出行距离来看，锦绣花园的路径为寻找特定功能的店铺而深入到村落里，距离超过 2km；祈福新邨为下班回家，接近 2km；顺德碧桂园为接送孩子，但不超过 1km。对于最短距离，3 个社区距离皆为 60m 左右，均为在起点附近的社区底商消费。

6.2.5 封闭社区居民前往毗邻村落的跨界流动特征

1. 样本基本情况

无论封闭社区代表的公共服务供给模式如何，从封闭社区到邻近村庄区域的人口都有很强的流动性。封闭社区居民的短途步行出行常常是团体出行。如表 6-3 所示，2012 年和 2019 年合计受调查的频次为 892 次，但是受调查的人次共有 1300 人次（未包括婴幼儿），其中顺德碧桂园 381 人次，祈福新邨 533 人次，锦绣花园 386 人次。在总的出行频次中，11.2% 人的居民出行携带婴幼儿一同出行，可见，照看婴幼儿是居民日常步行出行的一部分。

总体上，封闭社区的居民访问比邻村落的日常生活出行行为有以下特征：一是社区出行人群以女性占比居多，两次调查的合计总占比为

序号【SB089】
社区：顺德碧桂园
出行时间：2019/6/18 18:18
活动主体：母女二人
活动类型：购物
目的地：钱大妈
出行时长：2 分钟
出行距离：55m
行为概述：①从小门走到马路上；②走回来进入钱大妈

序号【QF074】
社区：祈福新村
出行时间：2019/6/7 17:48
活动主体：青年女子
活动类型：回家
目的地：钟村一栋居民楼
出行时长：6 分钟
出行距离：1970m
行为概述：①横跨社区马路；②熟练走小路；③穿过“钟山公园”，进美宜佳买纸巾；④抵达村子深处的居民楼

序号【QY025】
社区：锦绣花园
出行时间：2019/6/9 16:31
活动主体：女士
活动类型：购物
目的地：沃尔玛超市
出行时长：6 分钟
出行距离：552.4m
行为概述：妈妈带着两个孩子走在去超市的路上，人行道经常被停车所占用

图 6-8 典型活动路径与日志案例

（来源：作者自绘）

62.5%。这与中国家庭角色的分工传统有关，家庭中的女性通常负责处理家务、购买食物、接送孩子上学、料理家务等。这与访谈所获得的信息是一致的：“平时上班，周末会去一下（钟一村）。中午吃饭在公司，晚上在家里吃。买菜是老婆过去买得多。”（2013 年 10 月 13 日，祈福新邨居民，男，访谈 No.47）二是结伴同行访问毗邻村落成为封闭社区居民日常生活的一部分，2 人以上一同出行的频次占比为 31.7%。从两个年份的出行人次统计上看，一半以上（合计占比 53.1%）的居民日常访问毗邻村落选择

结伴同行，属于家庭日常短途出行的一部分。三是，在一天中，出行人次的高峰值出现在上午 10 ~ 12 点、下午 14 ~ 16 点及 16 ~ 18 点几个时间段，频次占比分别为 32.1%、22.5%、23.4%，这与 Iossifova（2009）在上海的封闭社区居民访问毗邻村落所观察到的特征基本是一致的。

受调查样本基本属性 **表 6-3**

项目	2012 年		2019 年		总计	
	N	占比（%）	N	占比（%）	N	占比（%）
日期（频次）	481	100.0	411	100.0	892	100.0
工作日	356	74.0	218	53.0	574	64.3
休息日	125	26.0	193	47.0	318	35.7
调查社区（频次）	481	100.0	411	100.0	892	100.0
顺德碧桂园	110	22.9	136	33.1	246	27.6
锦绣花园	111	23.1	137	33.3	248	27.8
祈福新邨	260	54.0	138	33.6	398	44.6
性别（人次）	711	100.0	589	100.0	1300	100.0
男	244	34.3	243	41.3	487	37.5
女	467	65.7	346	58.7	813	62.5
是否照看婴幼儿(频次)	58	12.1	42	10.2	100	11.2
年龄（人次）	711	100.0	589	100.0	1300	100.0
少年（10 ~ 18 岁）	86	12.1	80	13.6	166	12.8
青年（18 ~ 44 岁）	426	59.9	293	49.7	719	55.3
中年（45 ~ 59 岁）	75	10.6	104	17.7	179	13.8
老年（60 岁以上）	124	17.4	112	19.0	236	18.1
结伴同行（频次）	481	100.0	411	100.0	892	100.0
1 人	318	66.1	292	71.1	610	68.4
2 ~ 3 人	142	29.5	102	24.8	244	27.3
3 人以上	21	4.4	17	4.1	38	4.3
结伴同行（人次）	393	55.3	297	50.4	690	53.1
时间（频次）	481	100.0	411	100.0	892	100.0
8 ~ 10h	62	12.9	20	4.9	82	9.2
10 ~ 12h	188	39.1	98	23.8	286	32.1
12 ~ 14h	19	3.9	22	5.3	41	4.6
14 ~ 16h	102	21.2	99	24.1	201	22.5
16 ~ 18h	99	20.6	110	26.8	209	23.4
18 ~ 20h	11	2.3	62	15.1	73	8.2

（来源：作者自绘）

2. 居民出行的活动目的特征与差异

根据跨越封闭社区边界的居民活动目的的不同，参考《国民经济行业分类》GB/T 4754-2017 以及《城市居住区规划设计标准》GB50180-2018 关于居住区配套设施的分类，可以把居民步行前往毗邻村落的活动内容划分以下 10 个类别。具体的活动内容和活动频次占比如下。

（1）购物消费服务：封闭式社区居民到邻近的村落购买或出售商品。包括在村庄商业设施（例如商场、超市、菜市场、杂货店、小卖部、便利店、日用品店等）中购物的居民，或在村里出售物品（例如二手货物或回收商店的可回收废物）的居民。购物消费服务占居民日常生活活动频次的 50.6%。2012 年的比例为 62.6%，2019 年的比例为 36.5%，占比具有较明显的下降趋势。

（2）餐饮服务：封闭社区居民在附近村落的饭店、餐馆、甜品店、快餐店等吃饭。餐饮服务占居民日常生活活动频次的 5.9%。2012 年的比例为 4.8%，2019 年的比例为 7.3%，该类活动的频次比例略有上升。

（3）生活服务：居民访问邻近村落的美容美（理）发店、摄影冲印店、洗衣店、家政、家电维修等设施购买日常生活劳务服务。生活服务占居民日常生活活动频次的 6.5%。2012 年的比例为 4.4%，2019 年的比例为 9.0%，该类活动的频次占比较上一时期有较大的上升。

（4）金融邮电服务：此类别包括访问邻近村落的邮局、银行、房地产中介、通信营业厅（电信、移动、联通等）服务点等。金融邮电服务占居民日常生活活动频次的 3.8%。2012 年的比例为 4.8%，2019 年的比例为 2.7%，该类活动的频次占比较上一时期有较大幅度的下降。

（5）公共交通服务：居民步行前往邻村的汽车站、公交站点、地铁站等服务设施。公共交通服务的频次占总短途出行活动频次的 9.8%。2012 年的比例为 9.1%，2019 年的比例为 10.5%，该类活动的频次占比较上一时期基本持平。

（6）体育休闲娱乐服务：封闭社区居民访问邻近村落的文化、体育或娱乐设施，如运动场馆、棋牌室、羽毛球馆、公园广场、游泳场、健身房、体育彩票、KTV、洗浴中心等，体育休闲娱乐服务占居民日常生活活动频次的 5.9%。2012 年的比例为 3.1%，2019 年的比例为 9.2%，该类活动的频次占比较上一时期有较大幅度的上升。

（7）医疗卫生服务：访问邻村的药店、诊所、卫生服务中心、医院等公共服务设施，医疗卫生服务占居民日常生活活动频次的 2.4%。2012 年的比例为 2.1%，2019 年的比例为 2.7%，该类活动的频次占比与上一时期基本持平。

（8）科教文化服务：前往邻近村庄获取教育和科教文化服务，包括幼儿园、小学、音乐学校、文化活动中心等，科教文化服务占居民日常生活活动频次的 4.5%。2012 年的比例为 2.5%，2019 年的比例为 6.8%，该类活动的频次占比较上一时期有较大幅度的上升。

（9）工作 / 回家：指观察到离开封闭社区和进入城中村住房的人。访谈揭示离开封闭社区和进入城中村住房的人，他们的活动类型情况主要有以下 4 类：一是原村民在封闭社区内购买有房产，并在邻近村庄与封闭社区之间开展日常活动；二是部分流动人口或原住民居住在城中村，但在封闭社区里工作，比如物业、绿化等物业管理人员（工作）；三是由于顺德碧桂园在地理上把三桂村包围，部分村民外出回家常需穿越顺德碧桂园社区；四是部分原村民在封闭社区里面买有房产，在封闭社区与村落均有住所。该类活动频次的 9.6%。2012 年的比例为 5.6%，2019 年的比例为 14.4%，该类活动的频次占比较上一时期有较大幅度的上升。

（10）其他：此类别指上述活动外的其他活动。活动的占比约为 1.0%。2012 年的比例为 1.03%，2019 年的比例为 0.97%，该类活动的频次占比与上一时期基本持平。

可见，购物消费、公共交通、餐饮与生活服务、工作 / 回家是封闭社区居民访问毗邻村落的主要活动目的。村落区域也是封闭社区居民获得其他服务的目的地，例如科教文化和医疗卫生服务、公共交通和邮政服务等。虽然每个封闭社区都有独立的教育服务，但常规教育服务，特别是幼儿园和小学教育服务设施配套不足，且学费昂贵。因此，存在一定数量的封闭社区居民选择将孩子送到村里的幼儿园、小学或才艺学校进行学习。工作 / 回家一定程度上反映了逆向的流动，则多为毗邻村落的居民工作在封闭社区，居住在村落中，他们每天往返于封闭社区与村落之间（图 6-9）。

3 个社区在居民日常出行的活动内容存在显著差异（图 6-10）。锦绣花园与毗邻村落间的出行活动目的类型较为均衡，以购物消费（25.4%）、公共交通（25.4%）、金融邮电（8.5%）等为主。锦绣花园的“工作 / 回家”（14.9%）活动内容主要为原村民在封闭社区里面买有房产，在封闭社区与周边村落均有居所。祈福新邨访问毗邻村落的居民出行活动目的类型较单一，以购物消费为主（70.9%）。顺德碧桂园居民访问毗邻的三桂村的日常出行活动目的类型以购物消费（43.5%）、生活服务（12.2%）和餐饮（8.9%）为主。由于在三桂村居住的居民外出回家常需穿越顺德碧桂园社区，因此，“工作 / 回家”活动占有较大的频次比例。

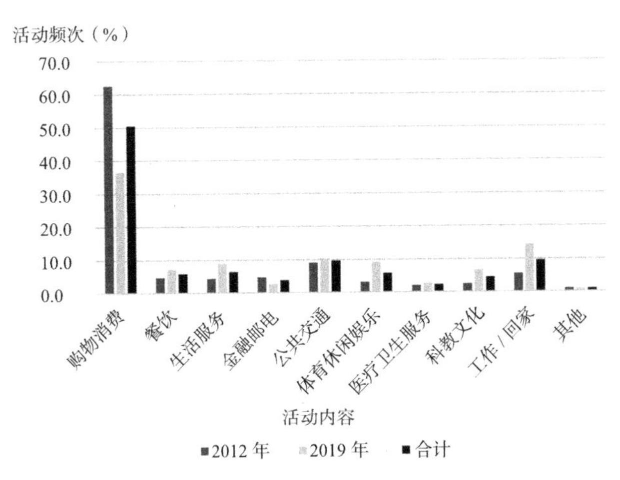

图 6-9　不同时期居民出行的活动目的频次占比

（来源：作者自绘）

总的来说，居民日常出行的活动内容在 3 个社区中存在显著差异，其原因一定程度上可以从社区的定位来解释。顺德碧桂园和祈福新邨最初定位为度假村，主要面向来自香港、广州和佛山的潜在客户。两者选择了不同的公共服务设施供应模式和布局：顺德碧桂园是一个全封闭式社区，在社区内配有社区服务设施；祈福新邨则是半开放式的公共服务供给模式。封闭社区居民访问邻近村庄区域的主要目的是获得低成本的零售、餐饮和劳务服务，但对于其他类型的服务需求有限。这是因为在封闭社区内或市中心都能提供高端服务。锦绣花园的定位是吸引当地买家，并有许多当地居民在社区内居住。由于大多数社区服务都有毗邻村公共配套，因此，对毗邻村落的依赖性更强，居民出行的活动目的也更为均衡。

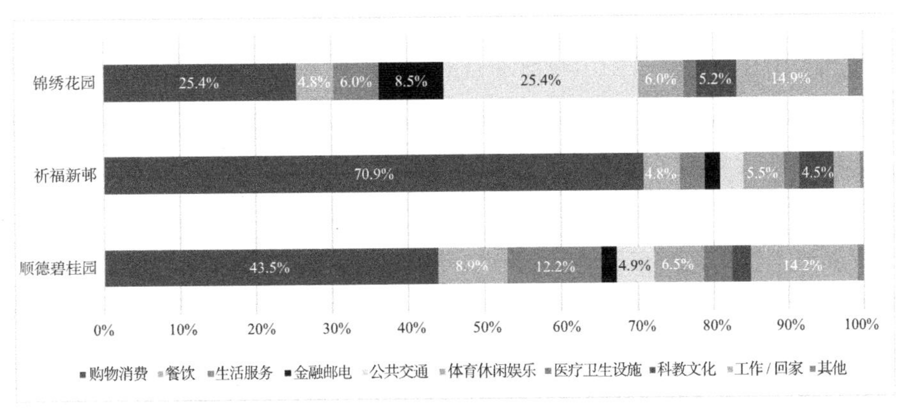

图 6-10　封闭社区居民前往比邻村落的日常活动行为统计

（来源：作者自绘）

3. 居民出行的活动时间特征与差异

居民出行耗时普遍在5分钟生活圈和10分钟生活圈两个圈层，频次占比分别为41.4%和48.7%（表6-4）。访问村落抵达第一目的地的总体出行时耗在10分钟生活圈内的居民，占总调研人次的89.5%。工作日与休息日居民的出行时长略有差异。在工作日居民的出行平均时长分布在5分钟生活圈与5 ~ 10分钟生活圈两个圈层，但在休息日封闭社区居民的日常生活圈以5 ~ 10分钟生活圈出行居多。主要原因是休息日较工作日居民在家附近的出行时间更充裕。

日期与出行时耗的交叉表 **表6-4**

			出行时耗				总计
			5分钟以内	5 ~ 10分钟	10 ~ 15分钟	大于15分钟	
日期	工作日	频次	261	258	35	20	574
		占比（%）	45.5	44.9	6.1	3.5	100.0
		人次	352	360	55	28	795
		占比（%）	44.3	45.3	6.9	3.5	100.0
	休息日	频次	108	176	20	14	318
		占比（%）	34.0	55.3	6.3	4.4	100.0
		人次	177	274	34	20	505
		占比（%）	35.0	54.3	6.7	4.0	100.0
总计		频次	369	434	55	34	892
		占比（%）	41.4	48.6	6.2	3.8	100.0
		人次	529	634	89	48	1300
		占比（%）	40.7	48.8	6.8	3.7	100.0

（来源：作者自绘）

从工作日与休息日的出行活动目的类别对比来看，不同日期的活动目的类别也略有差异（图6-11）。虽然工作日与休息日居民出行的活动目的均以购物消费为主，但两者相比可以发现，在休息日购物消费（54.7%）、餐饮（8.8%）、生活服务（9.4%）和体育休闲娱乐（6.6%）活动的频次占比要高于工作日，而在工作日金融邮电（5.6%）、公共交通出行（11.1%）、科教文化（5.7%）和工作（10.3%）的活动频次占比要高于休息日。这与居民的日常短途出行活动规律是一致的，居民在休息日从事生活休闲类的活动居多，而在工作日则从事与工作和业务相关的活动居多。

从不同日期类型的性别和年龄段差异特征来看，相比休息日，工作日居民出行的人次中，女性和青年占比更多（表6-5）。在工作日，女性的短

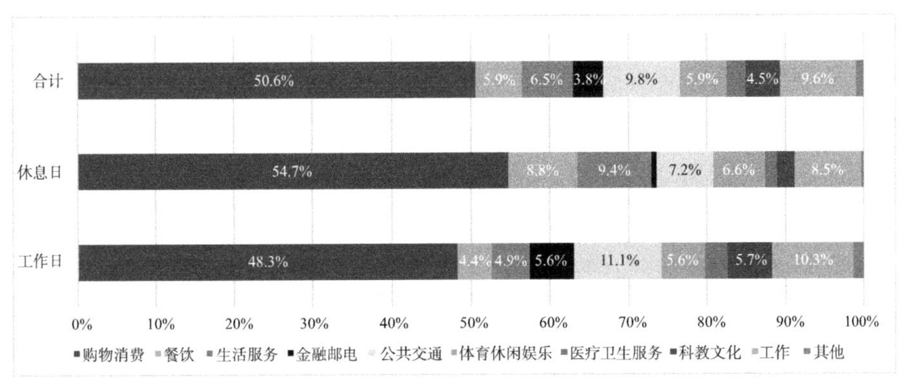

图 6-11　不同日期类别的居民短途出行活动目的差异与特征

（来源：作者自绘）

途出行比例要比男性高，占比 65.4%。主要是家庭分工的原因，居民在社区附近的日常出行主要是获取日常生活用品和服务，女性多承担这一角色，男性在工作日多是从事工作活动。此外，老年人在工作日的出行人次占比（23.3%）要比休息日的占比（10.1%）高，主要是因为工作日年轻人多在工作，而退休的老年人常在工作日照顾孩子，因而，工作日相比休息日老年人的出行人次占比要高。而在休息日，年轻人由于不用上班，常回归日常生活，代替老年人陪伴孩子出行。因此，在居民日常短途出行方面，存在年轻人与老年人在工作日和休息日之间的行为互换。

日期与性别、年龄段的交叉表　　**表 6-5**

		性别		年龄段				总计
		男	女	少年（大于 10，小于 18 岁）	青年（18 ~ 44 岁）	中年（45 ~ 59 岁）	老年（60 岁以上）	
工作日	出行人次	275	520	86	434	90	185	795
	占比（%）	34.6	65.4	10.8	54.6	11.3	23.3	100
休息日	出行人次	212	293	80	285	89	51	505
	占比（%）	42.0	58.0	15.9	56.4	17.6	10.1	100
总计	出行人次	487	813	166	719	179	236	1300
	占比（%）	37.5	62.5	12.8	55.3	13.8	18.1	100

（来源：作者自绘）

通过调查年份与活动目的类型和活动出行时间圈层的 T-test 检验分析，发现不同调查年份的活动出行圈层和活动类型有显著性差异。无论是 2012 年还是 2019 年，居民在 5 分钟出行圈形成了较稳定的日常生活活动空间（表 6-6）。但 2019 年社区居民在社区附近的日常生活活动圈层相比于 2012 年，其在 10 ~ 15 分钟圈层和 15 分钟以上圈层的活动频次比例要高，而在 5 ~ 10 分钟圈层的活动频次比例有所下降。表明 2019 年居民在社区附近日常步行出行活动范围圈层更广。2012 年的居民在社区附近村落活动的目的类型较单一，以购物消费为主，占比为 62.6%，而 2019 年的居民在社区附近村落活动的目的类型更为均衡（图 6-12）。2019 年居民在社区附近村落进行的，如餐饮、生活服务、体育休闲娱乐、科教文化、工作和其他等活动频次比例均有所上升。从居民短途出行活动的圈层和活动目的的均衡性来看，2019 年相比 2012 年，封闭社区与毗邻村落之间的融合程度更高。随着郊区的城市化发展，封闭社区与毗邻村落之间的融合程度不断提高，居民在封闭社区与毗邻村落之间形成的日常生活圈层的活动类型也更加丰富。但是 2019 年去往毗邻村落的购物流动比例减少的原因也有可能是 2019 年相比 2012 年封闭社区的商业配套不断完善，如祈福新邨在正门地块建成了祈福缤纷汇商业中心，吸引和消化了大量的居民消费需求，因此，在原来的去往毗邻村落的购物消费流动被新建的商业配套截流。

2012 年、2019 年出行时耗的交叉表 **表 6-6**

			出行时耗				总计
			5 分钟以内	5 ~ 10 分钟	10 ~ 15 分钟	大于 15 分钟	
调查年份	2012	计数（人次）	196	270	12	3	481
		占比（%）	40.8	56.1	2.5	0.6	100.0
	2019	计数（人次）	173	164	43	31	411
		占比（%）	42.1	39.9	10.5	7.5	100.0
总计		计数（人次）	369	434	55	34	892
		占比（%）	41.4	48.6	6.2	3.8	100.0

（来源：作者自绘）

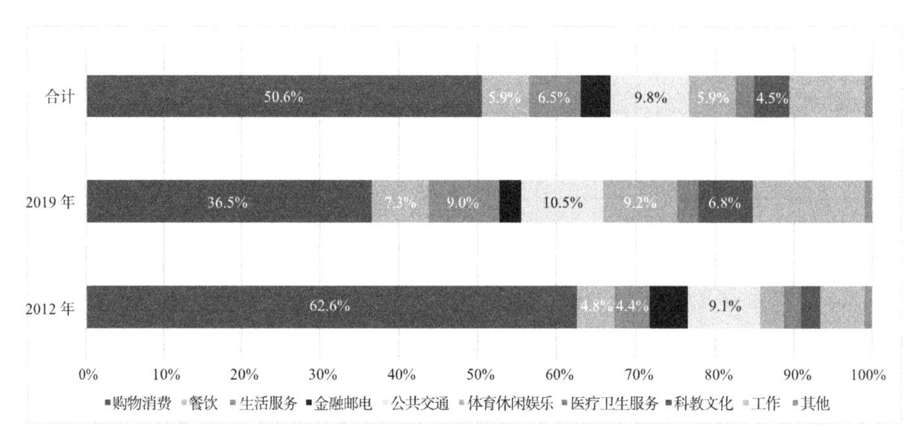

图 6-12 不同调查年份的居民活动目的类型比例

（来源：作者自绘）

4. 居民出行活动的空间特征与差异

从居民日常访问村落抵达第一目的地的耗时看，平均耗时为 7 分钟，但各社区的耗时存在差异（表 6-7）。不同社区居民出行抵达第一目的地的时间基本不超过 30 分钟，祈福新邨、锦绣花园和顺德碧桂园平均出行时间分别为 7.6、6.8 和 6.4 分钟。祈福新邨居民抵达村落第一目的地的耗时最长为 28 分钟，活动目的地为钟一村的居民楼，活动内容为探亲或回家。锦绣花园最长耗时为抵达钟二村的华强科技店，步行耗时为 34 分钟，活动目的为电子产品维修。顺德碧桂园观察到的步行最长耗时为 22 分钟，活动目的为在三桂村寻找快递点。

各社区平均出行耗时统计（分钟）　　表 6-7

封闭社区名称	平均值	个案数	标准偏差	最小值	最大值	百分比（%）
顺德碧桂园	6.3577	246	3.58029	1.00	22.00	25.0
锦绣花园	6.7540	248	5.02383	1.00	34.00	26.8
祈福新邨	7.5879	398	3.49898	1.00	28.00	48.3
总计	7.0168	892	4.03252	1.00	34.00	100.0

（来源：作者自绘）

依据出行活动耗时按时间圈层进行划分，不同社区的居民活动普遍在 5 分钟生活圈和 5 ~ 10 分钟生活圈两个圈层，但也存在活动圈层差异（表 6-8）。相较来看，顺德碧桂园居民步行出行平均分布在 5 分数钟生活圈和 5 ~ 10 分钟生活圈中；锦绣社区居民步行出行以 5 分钟生活圈为主，其次为 5 ~ 10 分钟生活圈；祈福新邨居民出行多集中在 5 ~ 10 分钟生活圈层，占比为 56.5%，其次为 5 分钟生活圈，占比为 34.4%。

不同封闭社区的出行时耗　　表 6-8

			出行时耗				总计
			5 分钟以内	5 ~ 10 分钟	10 ~ 15 分钟	大于 15 分钟	
封闭社区名称	顺德碧桂园	计数	117	117	7	5	246
		占比（%）	47.6	47.6	2.8	2.0	100.0
	锦绣花园	计数	115	92	25	16	248
		占比（%）	46.4	37.1	10.1	6.4	100.0
	祈福新邨	计数	137	225	23	13	398
		占比（%）	34.4	56.5	5.8	3.3	100.0
总计		计数	369	434	55	34	892
		占比（%）	41.4	48.6	6.2	3.8	100.0

（来源：作者自绘）

结合各社区居民访问毗邻村落的出行 GPS 活动路径和核密度分析图可知，封闭社区居民的社区生活圈范围集中在与毗邻村落交汇的边界地区。但不同布局模式的封闭社区与毗邻村落间的社区生活圈的空间分布特征存在显著差异。祈福新邨与比邻村落形成一主一次两个活动集聚点，主活动密度核心是在钟福广场，次活动密度核心为钟一村菜市场（图 6-13、图 6-14）。虽然钟福广场和钟一村菜市场都属于钟一村的范围，但是两者之间被钟屏岔道分隔，即钟屏岔道成了一条分隔线。单独把钟福广场和钟一村菜市场两个活动目的地提取出来，结合年龄进行分析，可以发现祈福新邨社区与钟一村之间的社区生活圈存在一定程度的年龄分层现象（表 6-9）。中老年群体（年龄 45 岁以上）更钟爱到钟一村菜市场消费，中年和老年群体选择在钟一村菜市场消费的比例分别为 70.7% 和 52.2%，均高于他们前往钟福广场消费的比例（29.3% 和 47.8%）。少年群体（年龄 10 ~ 18 岁）则更钟爱在钟福广场购物消费，具有明显的消费地偏好倾向，少年群体选择钟福广场购物消费的比例为 71%，明显高于其前往钟一村菜市场消费的比例 29%。青年群体（18 ~ 44 岁）在钟福广场和钟一村菜市场购物消费的比例分别为 50.2% 和 49.8%，在钟福广场消费的比例略高。从出行耗时的生活圈分层来看，同样反映了上述特征，则中老年人普遍选择在 5 ~ 10 分钟的圈层购物消费，他们更多跨越边界障碍选择在比邻村落约 10 分钟的出行圈购物消费。出现这种现象的主要原因是距离封闭社区越远物价越便宜，而老年群体普遍拥有较多空闲时间，愿意花更多的时间步行到远一些的地点购物消费。

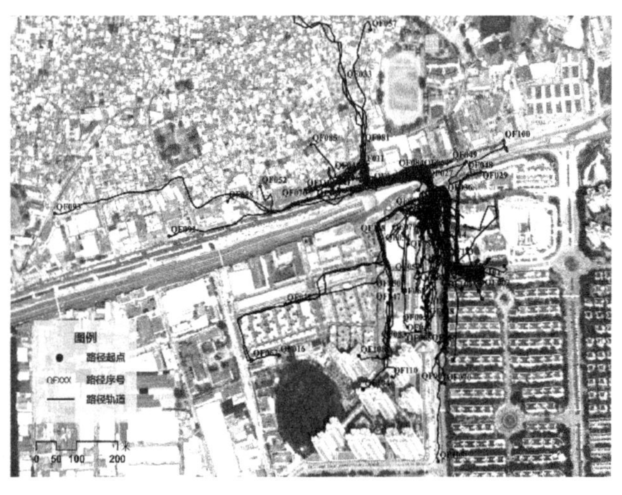

图 6-13　祈福新邨社区居民活动路径图

（来源：作者自绘）

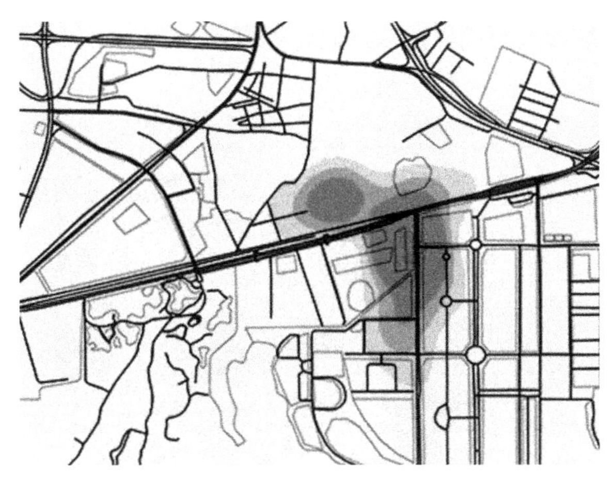

图 6-14　祈福新邨社区居民活动核密度图

（来源：作者自绘）

祈福新邨社区不同购物目的地和生活圈层的年龄差异　　表 6-9

祈福新邨			少年（10 ~ 18 岁）	青年（18 ~ 44 岁）	中年（45 ~ 59 岁）	老年（60 岁以上）
菜市场分类	钟一村菜市场	出行人次	9	124	41	59
		纵向占比（%）	29.0	49.8	70.7	52.2
	钟福广场	出行人次	22	125	17	54
		纵向占比（%）	71.0	50.2	29.3	47.8
	合计	出行人次	31	249	58	113
		纵向占比（%）	100.0	100.0	100.0	100.0
生活圈分层	5 分钟以内	出行人次	10	118	13	42
		纵向占比（%）	25.0	40.3	16.7	34.4
	5 ~ 10 分钟	出行人次	21	152	55	70
		纵向占比（%）	52.5	51.9	70.5	57.4
	10 ~ 15 分钟	出行人次	8	19	6	2
		纵向占比（%）	20.0	6.5	7.7	1.6
	大于 15 分钟	出行人次	1	4	4	8
		纵向占比（%）	2.5	1.3	5.1	6.6
	合计	出行人次	40	293	78	122
		纵向占比（%）	100.0	100.0	100.0	100.0

（来源：作者自绘）

顺德碧桂园与毗邻村落三桂村之间形成单中心的 10 分钟生活圈（图 6-15、图 6-16），居民前往毗邻村落的日常活动主要沿三桂大道展开，次级中心为三桂菜市场。锦绣花园与毗邻村落形成多中心的 15 分钟生活圈，居民日常出行活动目的类型较为均衡，形成了多个居民日常生活活动集聚的核心，分别是社区便利性出入口附近的底商、钟韦路口公交站、钟村菜市场三个聚集中心（图 6-17、图 6-18）。

图 6-15　顺德碧桂园社区居民活动路径图

（来源：作者自绘）

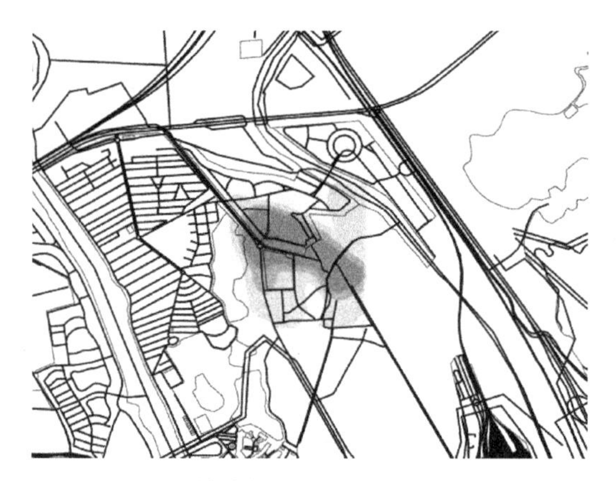

图 6-16　顺德碧桂园社区居民活动核密度图

（来源：作者自绘）

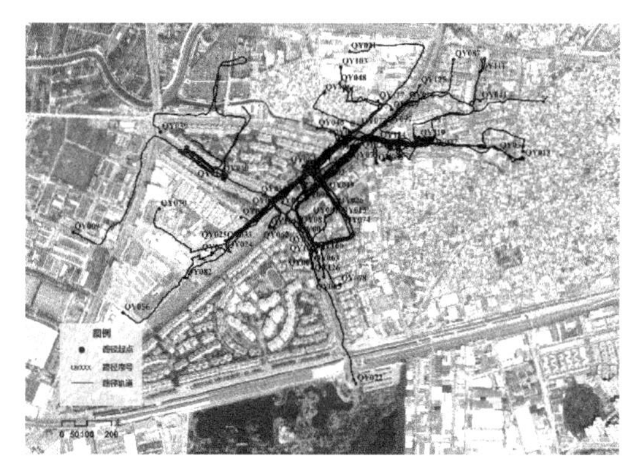

图 6-17　锦绣花园社区居民活动路径图

（来源：作者自绘）

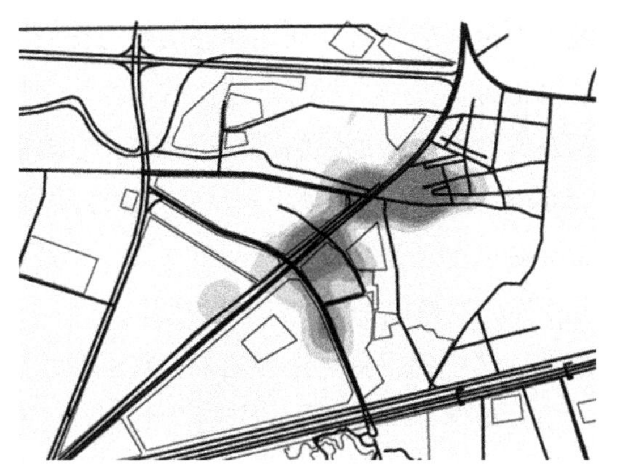

图 6-18 锦绣花园社区居民活动核密度图

（来源：作者自绘）

若将封闭社区与村落交汇的地区视为边界缓冲区域，将村落内部的旧村居当作村庄区域，以此来界定居民的活动范围，可以发现购物者的目的地空间分布总体上呈现出分区集聚的现象，存在较明显的活动空间分异。封闭社区居民对边界的渗透程度与封闭类型有关。顺德碧桂园作为全封闭自给型社区，祈福新邨作为半封闭自给型社区，由于其内部配套了一定的公共服务设施，很大程度上削弱了居民进村购买服务的需求和动力。锦绣花园作为小组团公共供给型社区，居民的日常生活购物均需走出封闭门禁前往组团间或毗邻村落的公共服务设施获取，因此，一定程度地促进了居民与村落的联系。

6.3 总结

本章通过 2012 年和 2019 年两个时间段分别采用的行为跟踪观察和出行日志纪录等方法，针对从封闭社区的生活性出入口跨越围墙边界前往毗邻村落的社区居民的日常生活等出行行为进行了调查和分析，对比不同布局模式的封闭社区与毗邻村落形成的社区生活圈的特征与内涵，阐述了封闭社区边界的渗透性。伴随城市的发展和土地财政的增长，由“飞地城市主义”塑造的马赛克式景观，带来的是飞地与毗邻村落的形态割裂和空间隔离。虽然有形的围墙边界划分了两个飞地，但是社区居民的能动性不断模糊边界，转变边界的障碍功能为接触功能。通过对跨界人流现象的研究，本章有如下发现：

一是社区居民前往邻近的村庄区域进行日常活动，将居住边界区域变成经济互动和社会接触与交流的场所。城市飞地之间的边界绝不是僵硬的、不可协调的分界线，而是人们积极互动、社会接触与交流的场所。边界效应固然存在，但居民这种自发的力量将破碎化的边缘转变为集聚人流与活力的弹性空间。调查发现跨社区边界的持续流动是一个普遍现象，封闭社区居民在毗邻村落的活动类型基本可以分为10大类。因此，封闭社区对于其周围环境来说无论以前还是现在都不是孤立的，而是在一定程度上与其所在地在功能上相连，并形成了一定的功能互补。

二是目前可达性范围主要聚集在边界地带，真正深入村内核心地带的居民不多。研究发现，虽然地理位置上的邻近为封闭社区和比邻村落的联系创造了条件，但边界地带仍然形成了对居民日常生活流动的截流面，这在一定程度上减少了社区与村落的联系流。由于围绕封闭社区不断发展起来的现代和高端商业设施，边界地带逐渐出现越来越多不同于传统村落的服务综合体或商店。封闭社区居民的刚需不断在封闭社区内部或沿界商业地带获得满足，导致居民到村落的活动不断被截流或分流。因此，居民的活动更趋向于在边界附近。

三是边界的功能性联系与社区公共服务设施供给模式存在一定关系。调查发现，全封闭自给型社区和半封闭自给型社区居民流动对边界的渗透程度远低于小组团公共供给型社区。半封闭自给型社区与比邻村落形成典型的社区生活圈出现一定年龄分层现象，由于物价便宜和闲暇时间充裕，老年人更多跨越边界障碍选择在比邻村落约10分钟的出行圈购物消费。但其居民日常出行活动目的类型单一，以购物消费为主。全封闭自给型社区与比邻村落形成单中心的10分钟生活圈，居民日常出行活动目的类型以购物消费、获取生活服务和餐饮为主。小组团公共供给型社区与比邻村落形成多中心的15分钟生活圈,居民日常出行活动目的类型较为均衡，以购物消费、交通出行、金融邮电等为主。可见，社区的公共服务供给能力和模式是影响社区居民到边界进行功能性消费活动的一个直接原因。

综上所述，在空间规划设计层面，应给予联系流更多的关注和考虑，社区内部的服务供给应注重渗透性、步行性、公共性原则，营造宜人的开放性公共空间，从而促进封闭社区与外界交流与融合，使跨界的日常活动更便捷舒适。在社区治理层面，应考虑不同群体多样诉求。在自上而下推动社区一体化建设的政策实施过程中，应理解居民日常行为和意识形态表征的内涵。在将顶层政策指令转换为本地策略时，需以提升居民生活幸福感和归属感为目标导向，满足本地居民的日常生活出行和社会交流活动的需求。

7 城市去边界化和再边界化进程

本章将以祈福新邨为典型案例检验理论框架并详细分析城市去边界化与再边界化的进程。本章选择祈福新邨居住边界区为典型案例的原因有两个：首先，祈福新邨位于广州市番禺区。番禺区自 1978 年以来经历了快速的经济发展和城市化，是广州居住郊区化的中心。广州的"南拓"战略和优越的区位条件，给番禺区的城市发展带来了高度的动态性。在过去的 40 年中，番禺区以"华南板块"为中心出现了许多大型封闭社区，这些封闭社区均与村落相比邻。其次，番禺区的城市空间结构呈现用地景观破碎化、拼贴式的特征，拥有大量的居住边界区景观。祈福新邨是番禺区最早建成的封闭式社区之一，也是中国典型的大型封闭社区，其与钟一村相比邻，构成了典型的居住边界区，具有较强的代表性。

7.1 相邻飞地之间的物理边界和社会经济差异

7.1.1 祈福新邨的建立

自 20 世纪 80 年代末以来，在广州的郊区化进程中，番禺区政府征用了大量的农业用地用于房地产开发。祈福新邨是其中最大的地产开发项目之一，由祈福集团开发。祈福集团最初由来自香港地区的一家私人公司和当地的两家政府持资的国有公司联合出资组建而成。当时，房地产开发公司通过与当地政府的合作更容易获得建设用地。因此，祈福新邨在开发之初就购得了大量的建设用地，其中大部分土地来自钟一村的农用地。根据访谈显示，到 1992 年，除留出 15.5hm^2 的农用地外，钟一村的全部农用地（267hm^2 以上）已被征用并移交给了祈福集团。

然而，在 20 世纪 90 年代，土地主要通过协议出让的方式出售，而不是通过市场拍卖出售。协议出让方式主要是地方政府在与企业协商的基础上达成出让协议，以非常低的用地价格出让建设用地。当时，番禺的土地出让费标准是 10 元 /m^2，但经过中间的折损和提留，村民最终得到的土地征收补偿费用要比这个标准低得多。在农用土地被征用后，原住民失去了赖以生存的农地，从而改变了他们的生活轨迹。土地的流失使钟一村与祈福新邨形成了潜在的冲突。正如当地村民所抱怨的那样：

"（土地被征收后）现在无事可做，很难找到工作。我们老一辈，没有受过太多的教育。所有的招聘（单位）都喜欢招受过教育的人，他们不想要没有受过教育的人。我这个年龄（50 岁以上）的许多原住民当时没有受过多少教育。我们能做什么（工作）呢？我们怎么能挣钱过日子呢？"（2012 年 12 月 03 日，钟一村原住民，访谈 No.9）

"我们这里以前山清水秀，池塘、梯田、水田、旱地都有，整个村四周都是山包围着，周围的环境很好。现在就是全部被地产开发项目毁了，真正就是沧海桑田！"（2012 年 12 月 05 号，钟一村原住民，访谈 No.15）

祈福新邨社区建成后，在地理位置上与钟一村仅一路之隔，但在物质景观环境上却形成了鲜明的对比。祈福新邨拥有现代化的建筑景观、干净整洁的社区环境以及生态绿色的开放空间（图 7-1）。而钟一村的建筑密度高、街道狭窄、环境脏乱、绿色开放空间匮乏（图 7-2）。

（a）祈福湖

（b）湖滨游憩空间

（c）天湖居单位

（d）青怡居

图 7-1 祈福新邨社区内的建筑环境

（来源：作者自摄）

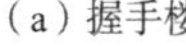

（a）握手楼

（b）商业和娱乐空间混合

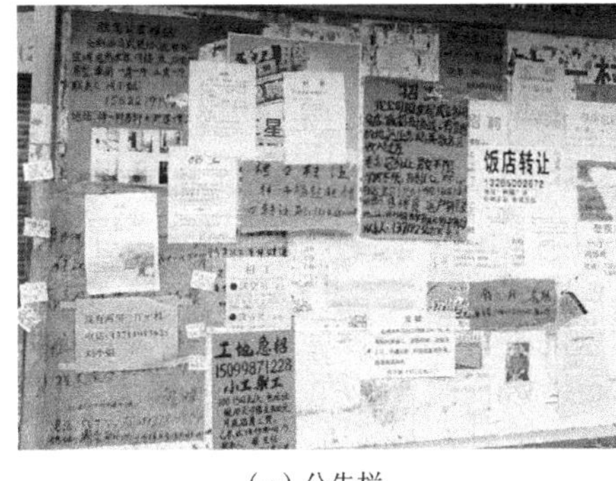

（c）公告栏

（d）垃圾回收店

图 7-2　钟一村的社区生活环境

（来源：作者自摄）

7.1.2　居住区边界的构成

祈福新邨是一个封闭式社区，具有较严格的社区封闭硬件和软件管理系统。硬件封闭管理设施包括社区周围的视频监控、铁栅栏、围墙和大门。软件设施包括进出社区时需出示的社区出入证、保安和社区穿梭巴士司机等。保安主要分布在社区的各个出入口和社区内的公共区域，如祈福湖配备有 1 ~ 2 个定点巡逻的保安，此外在各社区单元之间还配来回巡逻的保安。居民在社区外的穿梭巴士站乘坐巴士进入小区都需要检查门禁卡或出入证证件。据历史资料显示，在祈福新邨社区的早期开发阶段，祈福新邨社区约有 1000 多名保安和 40 条警犬在社区中巡逻（Shi，2004）。现在社区中的保安有所减少，但仍然大约有 500 名保安和 210 名穿梭巴士司机；与此同时，警犬的数量也已经大幅减少（访谈 No.14，No.54）。

祈福新邨社区的封闭管理使得公众的进入会受到较严格的管理。居民每次进入都需要刷卡，每位访客需在主入口的保安亭处登记访问信息，并经值班保安与业主电话确认访问信息后，才会被允许进入社区。在社区出入口的监管中，门卫会特别关注年轻人的进入，而对老年人和有儿童陪伴的进入者则较为宽松（访谈 No.54）。此外，除了封闭社区的围墙和门禁系统组成物质性的居住区边界外，祈福新邨与钟一村之间的城市道路（钟屏岔道）也构成了明显的物理边界。

7.1.3 两个毗邻社区之间的人口和社会经济差异

祈福新邨居民和钟一村居民都居住在这一居住边界区。根据2010年第六次人口普查数据，祈福新邨一共有常住居民27136名（未包括香港、澳门、台湾地区和外国居民约5200人），钟一村有13871名常住居民，含原住民4280人。

祈福新邨社区居民与钟一村社区居民存在显著的社会人口和经济差异。在人口年龄结构上，两个社区的居民年龄段主要在19～45岁之间（占比分别为57%和67%）（图7-3）。祈福新邨61岁以上人口的比例比钟一村高出6个百分点，而钟一村的年轻居民（19～30岁）比例则高出11个百分点。造成这种差异的主要原因是居住在钟一村的外来流动人口多为农村向城市迁移的年轻务工人员。祈福新邨的老年人口比例较高的原因有两方面：一方面是广州市区的老年退休群体选择祈福新邨作为养老和疗养地；另一方面则是农村老龄人口跟随子女入城，帮忙照顾孩子或进城跟随子女养老。两个社区另一个显著的差异是受教育水平，祈福新邨社区居民受教育程度普遍较高，大部分受教育水平为高中及以上，占比为72%。而钟一村居的学历普遍为初中及以下学历，人口数量占75%（图7-4）。

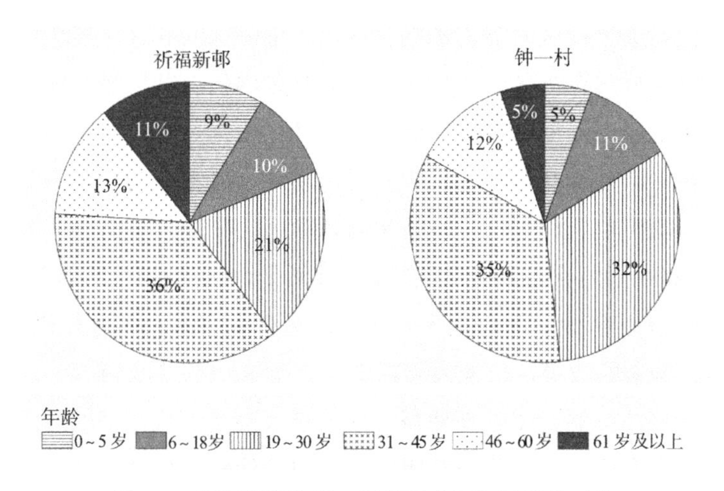

图7-3 祈福新邨和钟一村居民人口年龄结构对比

（来源：作者自绘，基于2010年人口普查社区层面的数据，仅限大陆居民）

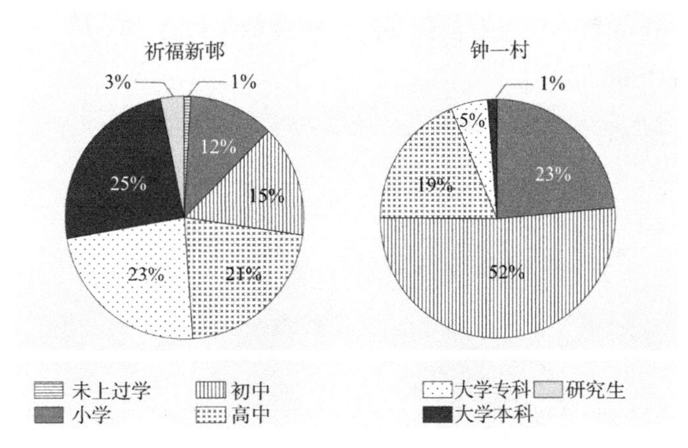

图 7-4 祈福新邨和钟一村的人口教育水平对比

注：钟一村未上过学人口比例为 0.3%，未在图中显示

（来源：作者自绘，基于 2010 年人口普查社区层面的数据，仅限大陆居民）

祈福新邨社区居民由番禺或广州市民、外来人口和外国人共同组成，本书的重点人群是大陆居民（占比为 84%）。户籍结构显示，祈福新邨的大陆居民户口结构多为本地户籍人口，其中番禺区本地户籍人口占 32%，广州市区户籍人口占 30%。从人口的来源地情况来看，祈福新邨社区的大部分广州或番禺户口持有者均不是当地原住民，而是迁居广州（或番禺）后入户广州城市户籍的新移民。祈福新邨居民有约 38% 为无广州城市户籍的外来流动人口，他们多在广州有相对稳定的职业，选择购房或租住于此（图 7-5）。

钟一村居民包括原住民、农村移民和部分城市户籍人口。钟一村有 4280 名原居村民，大部分为番禺本地农业户籍人口（“村改居”后改为城市户籍），但有少数为广州城市户籍人口。钟一村居民中有 67% 的人口是外来流动人口，其中包括来自其他省份的农村移民（52%）和来自广东省其他城市的农村移民群体（15%）。

两个社区之间在经济收入上也存在较大的差距。在职业构成上，祈福新邨社区居民主要为中高收入的城市白领和职业人士，而钟一村的居民多为低收入人群，以从事体力劳动、传统服务业、个体经营或在钟一村附近的乡镇企业中务工者居多。通过对比两个社区的居住条件可以发现，两类群体在居住空间和住房价格方面均存在较大差距（图 7-6、图 7-7）。祈福新邨社区居民的人均居住面积为 37.8m^2，而钟一村居民的人均居住面积为 18.6m^2。祈福新邨 98% 的住户居住面积大于 50m^2，但钟一村仅有 51% 的住户居住面积达到或超过 50m^2。第六次人口普查抽样数据显示，钟一村 86% 的房屋租金低于 501 元，其中 34% 的租金在每月 100 ~ 200 元之间。

相比之下，祈福新邨中没有任何房产的租金低于每月 201 元，81% 的住房每月租金在 1000 元以上。

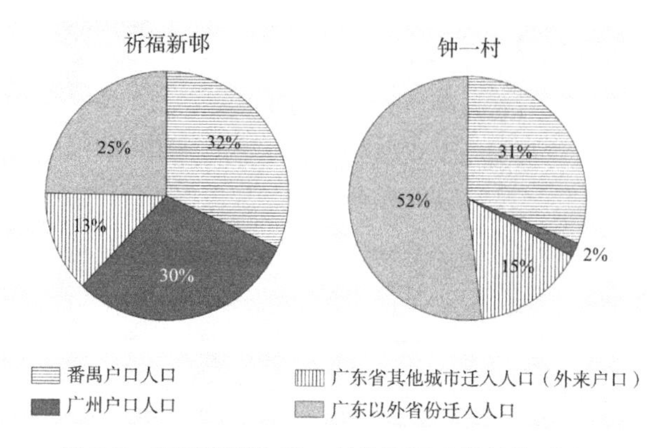

图 7-5　祈福新邨和钟一村的居民户籍结构对比

（来源：作者自绘，基于 2010 年人口普查社区层面的数据，仅限大陆居民）

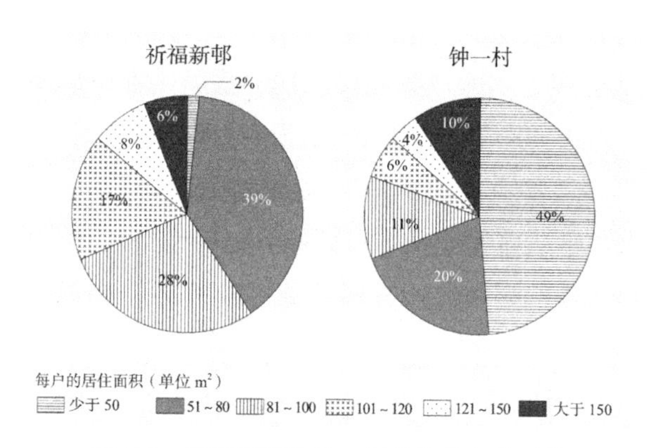

图 7-6　祈福新邨和钟一村的住房条件对比

（来源：作者自绘，基于 2010 年人口普查社区层面的数据，仅限大陆居民）

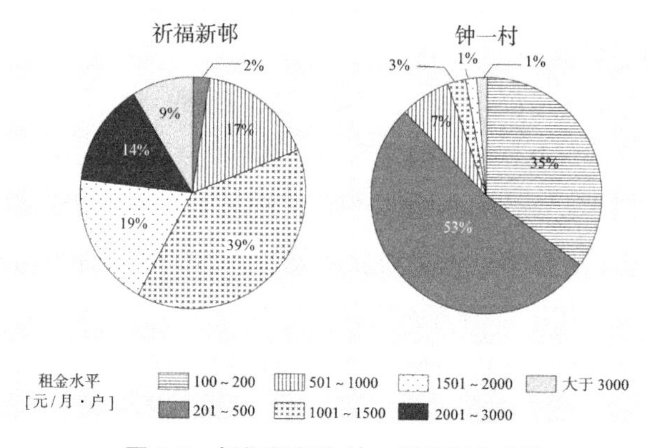

图 7-7　祈福新邨和钟一村的租金水平

（来源：作者自绘，基于 2010 年人口普查社区层面的数据，仅限大陆居民）

7.2 边界渗透性与功能流维度的去边界化

7.2.1 功能流维度的去边界化进程

在上一章节，我们发现不同布局模式的封闭社区与相邻村落之间存在很强的跨越社区边界的人流。本章节将从定性的角度更为深入地揭示这种联系流的特征。在时间尺度上，随着时间的推移，祈福新邨和钟一村之间存在动态的边界化、去边界化和再边界化进程（图 7-8），去边界化和再边界化进程具有不同的维度。本节将主要探讨功能维度的去边界化进程，功能维度的去边界化是指边界可渗透性的增强。总体上，由于祈福集团在钟一村附近储备了大量的土地，祈福新邨的房地产开发分为多个阶段，即使是在今天祈福集团仍有部分储备用地在开发建设中。从祈福新邨社区与钟一村的关系上看，其去边界化进程可以分为 4 个阶段。

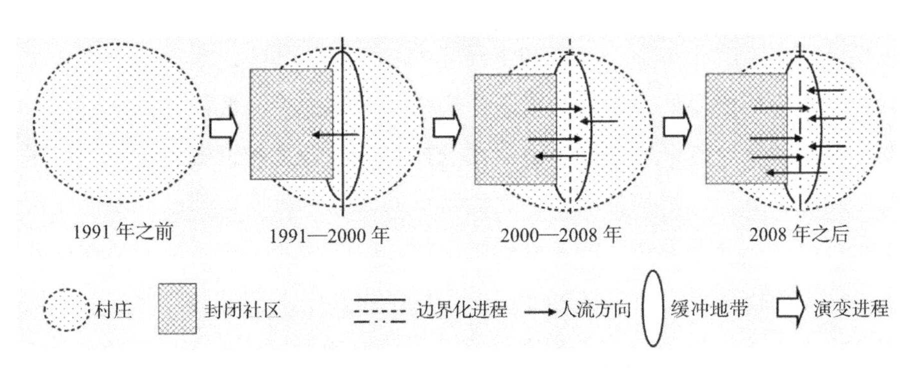

图 7-8　祈福新邨和钟一村边界化的动态过程

（来源：作者自绘）

第一阶段是 1991 年祈福新邨社区未建设之前，钟一村是典型的农村聚落，农村用地较为完整。钟一村历史悠久，建村于宋代，但现存的大部分建筑是在 20 世纪 50 年代建造的。1991 年之前钟一村在用地上一直较为完整。1991 年祈福新邨开始建设后，从用地和行政区划上把钟一村一分为二。钟一村的农用地多被征收后由政府转让给祈福集团进行房地产开发，而钟一村村民居住的宅基地则保存了下来。自此，奠定了祈福新邨社区与钟一村比邻而居的基础。

第二阶段为 1991—2000 年间，是祈福新邨的早期开发阶段。在此期间，楼盘开发定位为旅游度假胜地，销售对象主要为香港地区居民和广州高收入人群等。因此这一阶段的楼盘开发项目多为别墅或低层公寓。为了吸引高收入人群的购买，祈福新邨在社区内开发了祈福天鹅湖和小型人工高尔夫球场。因此，此时祈福新邨社区居民的人口结构和经济收入状况较为单一，多为来自香港地区或广州的高收入人群，他们在祈福新邨购置不动产作为第二居所。这一时期社区居民的主体语言为粤语。在社区封闭管理方面，为了保障居民的安全和社区设施的业主专享性，外来人员的进入受到严格的控制和管理。祈福新邨居民的日常消费主要发生在社区外部集中开发的商业区或市中心，很少有居民会去钟一村进行消费购物。这一时期，两个比邻社区之间几乎没有联系，仅有少数居住在钟一村的建筑工人或提供家政服务的村落居民会穿越社区边界，与社区内部居民发生联系。

第三阶段为2000—2008年间。这期间受广州市居住郊区化的影响，祈福新邨居民人口结构经历了一个本地化的过程。随着郊区化进程的加快，祈福集团调整了这一时期祈福新邨楼盘开发的定位，从原来度假型社区转为居住型社区，楼盘开发的市场定位也转为本地的中等收入群体或白领消费群体。因此，这一时期的楼盘开发多为小高层或高层洋房。在区位方面，祈福新邨位于广州市中心城区和番禺区中心之间的郊区，在价格上相比主城区的住房价格要低，从而形成了住房价格的洼地。随着祈福新邨楼盘开发规模的增长，越来越多的本地居民选择在祈福新邨购置楼盘作为第一居所。此外，由于广州和番禺之间交通联系的改善，祈福新邨已开发的楼盘不断升值，部分香港地区的业主趁机出售手中的房产，迁往他处。在这两方面动力的作用下，祈福新邨居民的人口结构发生了转型和变化，由均质的高收入群体转变为高收入和中等收入群体混居型结构；且中等收入群体的人口比例在不断地上升，成为社区的主要人口。中等收入群体多为白领人士，他们多受过良好的教育，来自全国各地，因此，社区交流的主体语言不再是粤语，而转为普通话。

在本地化的过程中，社区居民的日常生活需求大幅度增加，而且变得多样化。此外，祈福新邨社区供给的服务和商品不再满足社区居民的需求，同时由于祈福新邨社区配套供应的商品和服务价格远高于比邻村落，而本地化后的社区居民多为价格敏感型消费群体，因此，许多社区居民将消费目的地转向比邻村落。在此阶段，祈福新邨与钟一村之间的经济联系大幅度增强。

两个社区联系增强的标志是边界接触区的出现。在图7-9的右下角是祈福新邨，左上角是钟一村。祈福新邨与钟一村之间由一条城市道路（钟屏岔道）所分开。钟屏路是一条双车道的城市主干道，每天都有源源不断的交通流量。由于祈福新邨居民消费需求的带动，钟屏岔道两侧出现了许多商业服务设施，形成了两个社区居民日常交流和接触的缓冲区域。在2008年之前祈福新邨社区居民在钟一村的消费节点主要是钟一村菜市场（图7-10）。

图7-9 祈福新邨和钟一村的边界缓冲地带
（来源：作者自绘）

图7-10 边界缓冲区人流聚集的节点景观（左为钟福广场，右为钟一村菜市场）
（来源：作者自摄）

2008年之后为两个社区关系发展的第四阶段，其标志是这一时期边界接触面成为两个社区日常消费活动的中心地带。2008年，由于钟福购物广场的建设和开业，在位置上相比钟一村菜市场更靠近祈福新邨，而且位于钟屏岔道的祈福新邨同一侧。钟福购物广场建成后，社区居民日常购物消费无需再穿越车辆川流不息的钟屏岔道。因此，钟福购物广场的建设不仅吸引了更多社区居民来此消费，形成了新的商业中心，也对通往钟一村的人流形成了截流。

7.2.2 居住区边界景观变化

边界缓冲区的边界景观具有高度的动态变化特征。通过对一位在钟一村工作了大约十年之久的裁缝的采访得知，边界缓冲区最大的变化发生在2005—2008年之间。在此期间，主要的景观变化特征使边界缓冲区更加商业化。

“原来这里面的（钟一村）市场不是这样的，2003年我刚来的时候没什么人，人很少，这里面这些商铺全都没有打开的，也就是这前面（比较靠近钟屏路的沿街）有两三家商铺，两三家水果店，两家卖饺子的。钟一村菜市场原来不是现在这个样子，原来（卖菜的）刚开始是摆在（钟屏路）路边的，后来才修了这个市场，我来之后市场维修过两次。应该是2005—2008年的时候，这边商铺都开得差不多了。”（2012年12月9日，个体经营者，职业为裁缝，访谈No.27）

边界景观的时序变化照片同样反映了边界景观的转型和街景变化的特征。图7-11是在同一地点不同年份拍摄的钟一村正对祈福新邨的临街（钟屏岔道）立面景观照片。从2012—2013年，钟屏路两侧的绿化景观树木被砍伐，祈福新邨与钟一村之间的能见度增强。同时可见，钟一村临街的一栋建筑功能转变为桑拿店（康宁推拿），作为洗车店的建筑底商进行了招牌翻新。从2013—2014年，康宁推拿店进行了招牌和门面翻新，变得更为显目和可见。在推拿店旁边新开了一家私立幼儿园（桐话岛）和社区卫生服务站。照片显示2014年钟屏岔道另一侧的钟福广场路面正在进行拓宽和翻修。2014—2015年，钟屏岔道开始翻修，具体是在钟屏岔道下方加设了一条下沉式高速公路（广明高速）。道路翻修的过程中，仍然在钟屏路上保留了祈福新邨通往钟一村的临时通道。2015—2016年，钟屏路翻修接近尾声，钟屏路上重新划定了人行斑马线。2016—2017年，钟屏路的翻新基本完成，其最大的变化是景观美化，道路中间设立了绿化景观带分割道路两侧的车流，同时在人行斑马线上增设了红绿灯。2018年之后边界景观近乎成熟，未有较大变化。

另外一个观察点是通往钟一村菜市场的巷道（图7-9中的地点B）。商业化的巷道摆满了摊铺，平日人群熙熙攘攘，多为前来购物消费的祈福新邨居民。2012—2014年的景观照片显示钟一村内部的建筑在转换使用功能，左边的建筑翻新后变成了一家酒店，在建筑外墙安装了众多的空调。可见，祈福新邨促进了钟一村的商业发展（图7-12）。

2016 年

图 7-11　钟一村钟屏路及其临街立面景观变化

（来源：作者自摄，所有照片在图 7-9 中的地点 A 拍摄）

2012 年 12 月

2013 年 10 月

2014 年 3 月

图 7.12　通往钟一村菜市场的巷道景观

（来源：作者自摄）

图 7-13 在钟一村菜市场购物回家的人流
（来源：作者自摄）

钟屏路沿街的人行道是通往钟一村菜市场的主要通道。由于每天都有频繁的往返祈福新邨与钟一村的人流，沿街的人行道已经成为非正式的商业空间（图 7-13）。访谈数据显示，这条人行道曾经有许多流动商贩沿街出售农家蔬菜和日常生活用品，但是后来被政府明文禁止了（访谈 No.34）。2012 年后，为拓宽道路，人行道两侧的树木被砍伐，许多非正式的家政服务职业者在此占道经营，提供诸如搬家、旧物回收、家电维修、房屋装潢和补漏等服务。由于两类社区的人群在此交汇和接触，人行道的功能逐渐转变为社会接触和交流的场所。

7.2.3 从封闭社区前往毗邻村落的人流

“每天早上都有很多人在钟一村购物，看起来就像过春节一样。”（2012 年 11 月 17 日，祈福新邨居民，访谈 No.04）

“我经常在钟一村菜市场买肉和蔬菜。其他的物品，比如日用品和零食，我多在祈福新邨市场买。”（2012 年 12 月 8 日，祈福新邨居民，访谈 No.18）

访谈显示，每天都有大量的祈福新邨居民前往钟一村消费。祈福商业中心、钟福广场、钟一村菜市场和钟一村街道沿线店铺已成为祈福新邨居民日常访问钟一村的节点（图 7-14）。祈福新邨社区主出入口处的祈福商业中心和巴士总站是组织社区居民日常流动的主要节点。祈福社区居民通过巴士总站衔接各个居住组团和市中心。在日常流动中，社区居民通常先从家门口的站点乘坐穿梭巴士到达祈福巴士总站，然后转乘另一辆穿梭巴士到达祈福医院站（现今，祈福新邨管理公司更新优化了楼巴路线，社区居民可以直接从家门口乘坐穿梭巴士抵达祈福医院站，无需再换乘），在此下车步行前往钟福广场或钟一村菜市场。

虽然大多数日常需求都可以在祈福商业中心得到满足，但仍有许多居民选择在钟一村购物消费，其活动目的是为了获取价格相对实惠的不同类型的商品和服务。在价格方面，钟一村菜市场作为一个综合型的农贸市场，与祈福商业中心和钟福广场相比，其物品价格相对低廉，因此，具有物品的价格优势。价格优势成为钟一村吸引祈福新邨居民前来消费的主要动力之一。如一位具有 5 年居住历史的祈福居民说：

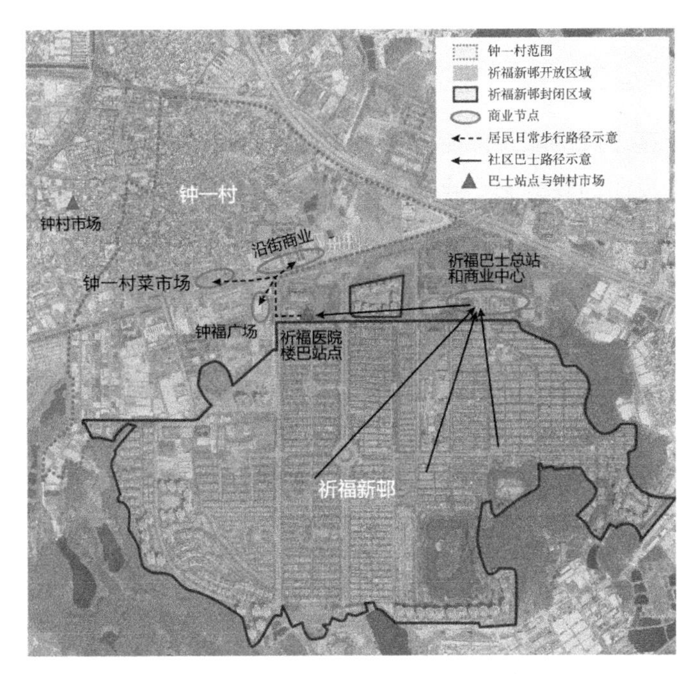

图 7-14 封闭社区居民访问毗邻村落的日常活动路径

（注：图中反映的是 2012—2014 年间的居民流动情况，在祈福新邨后期的开发中，图中的巴士总站地块被开发为居住用地，巴士总站向外迁移至靠近钟屏路一侧）

（来源：作者自绘）

"以前钟一村商业没有做起来，买菜购物都在小区里面，很贵。这两年村里面的市场和商业都做起来了，来这边又很方便，菜品也比较便宜，为我们降低了生活成本。"（2012 年 12 月 1 日，祈福新邨居民，访谈 No.08）

另外，祈福新邨居民有着巨大的日常消费需求。虽然祈福新邨配套有一定数量的商业和公共服务设施，但在物品种类供应上仍然不够齐全。钟一村相应地配套了许多互补型或竞争型的服务设施，如银行网点、房地产中介、购物市场和教育设施等。总体上，钟一村的商业开发降低了祈福新邨居民的生活成本，与祈福新邨实现了一定程度上的功能补充。

另一位祈福新邨居民说："我偶尔会去（钟一村）那边买菜，但是频率很少。我去过那边，主要是去修鞋或缝衣服什么的，那边有一个老头（做这个）。就是在祈福新邨找不到人做的（服务），或者我会觉得那个（社区里的）价格太贵了，一般我会去（钟一村）那边，因为我觉得那边价格会平民化一点。"（2012 年 12 月 4 日，访谈 No.12）。

7.2.4 村落居民跨越社区边界前往封闭社区的日常流动

两类社区之间的联系流不仅包括从封闭社区前往比邻村落的联系流，同时也包括反向的联系流。钟一村的居民包括当地村民和在村落居住的外来流动人口，在一定的情况下可以轻易跨越封闭社区边界进入小区内。如钟一村一家粮油店店主说："我主要是做祈福新邨居民的生意。(做生意)与他人竞争，主要是比价格、比服务。我提供送货上门的服务，准时且服务态度好。我在祈福新邨有几个熟客，经常来拿货。常是打电话过来，或者到门店现场来，预定后留下地址，然后我送货上门。"(2012年12月9日，钟一村外来流动人口，访谈No.24)。可见，村落居民与社区住户之间通过服务和物品交易建立了往返的联系流。

事实上，封闭社区居民很欢迎基于商业服务供给的逆流动。另一位居民说："钟一村里开了很多药店，服务也很好，平时买了中药，会帮忙煲好送上门。"(2012年12月1日，祈福新邨居民，访谈No.08)。

除了商业活动产生的逆向流动外，还有其他目的的逆向流动。祈福新邨里面有一块地势较高的山丘，原来是钟一村村民在炎热的夏天避暑乘凉的地方。祈福新邨的楼盘开发保留了这一山丘并将其开发为社区休憩娱乐场所。由于社区实行封闭式管理，钟一村居民不再被允许自由进入该山丘。但是，钟一村原住民仍然通过各种策略进入社区，继续进行以往的活动。例如，他们通过认识社区业主、门卫或者在社区里务工的村民等，进入社区。如一位钟一村原住民说："以前那些地都是我们的，都是我们耕种的。所以跟(祈福新邨的)很多门卫还是很熟的。我们在夏天的时候经常晚上去(祈福新邨里面)散步。主要是去(祈福新邨)迎风阁，那是最高的地方，去那里乘凉。"(2012年12月5日，原住民，访谈No.15)

7.3 功能流维度的再边界化

7.3.1 边界屏障效应

祈福新邨与钟一村之间的人流来往频繁，但并没有完全消除社区围墙的边界屏障效应，而是创造了新的私人空间和叠加的无形边界。首先，从祈福新邨居民前往比邻村落的日常活动路径显示，社区居民的活动目的地大多局限在边界缓冲区域。尽管社区住户经常访问钟一村的临街底商或钟一市场等村内商业设施，但他们通常很少深入钟一村的村落内部。例如，钟一村的莲塘公园是当地村民和外来人口的主要日常娱乐休闲场所。然而，访谈显示，很多祈福新邨居民虽然经常光顾钟一市场，但很少有人知道或光顾距离钟一市场不远的莲塘公园。

其次，当地处钟屏路、祈福新邨同侧的钟福购物广场建成后，拦截了很大一部分前往钟一村菜市场消费的人流。如访谈显示："2005—2008 年间，这里（钟一村菜市场）生意还是蛮红火的，（通向钟一村菜市场的）巷子里挤满了人，人挤都挤不动，都是祈福新邨里面过来的。自从 2008 年到现在，由于钟福广场发展起来了，这边（祈福新邨发展）就差一点了。"（2012 年 12 月 9 日，个体经营的裁缝，访谈 No.27）

祈福新邨居民光顾钟一村菜市场必须跨越钟屏路，这条城市道路上源源不断的交通流使其成为祈福新邨和钟一村之间除社区围墙外的另一道物理屏障。钟福广场建成后，这一屏障效应对祈福新邨年轻居民在社区附近的日常消费行为具有显著影响。一方面，钟福商场位置比钟一村菜市场距离祈福新邨要近；另一方面，钟福广场配置有门前停车场。因此，与祈福新邨的老年居民相比，年轻的居民更喜欢在钟福广场消费，而老年居民群体则更偏好钟一村食品市场。一位祈福新邨居民说：

"（去钟一村）一般两天一次。像我们家，我妈会去，然后跟我一样上班的年轻人，也是一个星期去一两次，但是我们不会去钟一村菜市场，是去钟福广场，有些时候时间还比较紧，就直接买了东西回来。只有家里有老人的，才有时间嘛，会走远一点（去钟一村菜市场购物）。"（2012 年 12 月 8 日，祈福新邨居民，访谈 No.21）

在 6.2.5 章节对定量数据的统计分析中也佐证了上述观点。图 7-15 为 2012 年调查数据中反映的光顾钟福广场和钟一村菜市场的社区居民的年龄结构，结果显示钟福广场的居民访问人次 48% 是年轻人，而前往钟一村菜市场消费的年轻居民人次占比仅有 28%。光顾钟一村菜市场的居民主要为中老年人，人次占比 72%。

最后，居民光顾钟一村的日常流动创造了新的封闭式的私人空间。例如，坐落于钟一村的名为东方明珠的私立幼儿园，主要目标群体为祈福新邨的居民子女，学费低于祈福新邨配套的幼儿园，但高于钟一村的其他幼儿园。一位受访的钟一村居民说，这所幼儿园在钟一村很有名，质量很好，但是，由于村里的居民负担不起高昂的学费，都选择到其他幼儿园就读。这意味着通过价格机制，祈福新邨居民在钟一村地域重新创造了一个专享的俱乐部式的封闭空间。

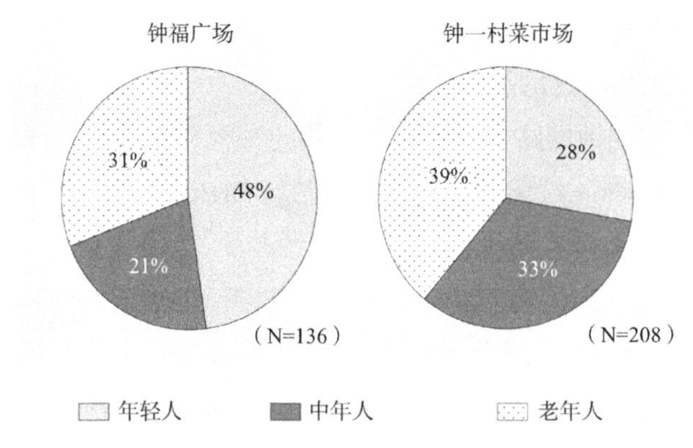

图 7-15 访问邻村地区的封闭社区居民的年龄结构（2012 年）
（来源：作者自绘）

受访者：“我的孙子两岁半了，他在钟四村的幼儿园就读（钟一村邻村）。他父亲在外面工作，我每天去接送他上下学，每趟花 15 分钟左右的路程。”

访谈者：“你为什么不选择最近的东方明珠幼儿园？”

受访者：“很多祈福新邨的居民都把他们的孩子放在东方明珠幼儿园。那里的学费更高，大约每学期 7500 元，而钟四村幼儿园每学期只需 5600 元。”（2013 年 10 月 11 日，本地移民，访谈 No.42）

7.3.2 消费活动目的地分异

边界的价格梯度效应在一定程度上影响了钟一村居民的消费活动目的地。受祈福新邨居民的消费需求带动，出现了一定程度的价格距离递减规律。在祈福新邨周边的一定区域内，形成了以祈福新邨为中心，距离祈福新邨越远物价越便宜的情况。钟一村靠近祈福新邨一侧的沿街商业和钟一村菜市场离祈福新邨约 10 分钟步行距离，其物价虽然要比祈福商业中心和钟福广场的低，但却普遍高于钟一村内其他市场和周边村菜市场。因此，由于钟一菜市场及周边物价的上涨，迫使在钟一村居住的外来流动人口和一些收入较低的原住民选择去距离较远的钟村（菜）市场或钟三村（菜）市场购买日常必需品。虽然祈福新邨居民频繁光顾边界缓冲区域，增加了他们与钟一村居民群体进行社会接触和交流的机会和可能，但是访谈显示，钟一村一些较低收入的居民却被排除在钟福广场、钟一村菜市场等消费场所之外。

“我通常在钟村市场买菜。这边钟一村菜市场有很多祈福新邨的人过来买菜，菜价比钟村市场还贵一点点。在钟一村菜市场卖三块钱，我到钟村市场两块钱就可以了。”（2012 年 12 月 3 日，原住民，访谈 No.09）

“钟一村菜市场（有）很多人，平时我买菜在钟村市场，钟村那个市场更便宜一些。（远一点的）谢村市场（的产品价格）还要便宜，谢村市场是批发市场。平时下班有时间或礼拜天去谢村那个批发市场买些好东西，如猪肉、鸡肉等，在那边买便宜。”（2012 年 12 月 3 日，钟一村外来流动人口，访谈 No.10）

可见，尽管祈福新邨居民与比邻村落的商户或居民经常见面产生了频繁的接触，但由于价格的排他性，祈福新邨居民与低收入的村落居民群体之间出现了消费目的地和日常活动路径的分异，从而降低了两个群体之间彼此相遇和接触的机会。两个群体日常活动路径的时空分异，产生了“隧道性”的边界隔离。

7.4 符号维度的去边界化

7.4.1 祈福新邨居民的集体身份认同

虽然祈福新邨的房产价格并不便宜，但是社区内居住的居民群体基本具有购买房产的经济能力，因此，具有相似的社会经济地位。从职业结构上看，大多数居民都是受过良好教育的城市“白领”或“蓝领”职业人士。祈福新邨居民之间存在集体的身份认同，普遍认为居住在社区内的居民都是一群具有较高素质的人。

“我觉得不管（社区居民）来自全国各地什么地方，这个都没有关系。因为大家都生活在这个圈子里，大家都了解这里面是一个什么样的住宿情况。因为在祈福新邨买房也好,生活也好,他们的经济水平应该不会特别差。经济水平不是特别差，人的素质就相对高一些。你住在这里面，你就在这个水平层次。这个层次上（的人）有很多相似的喜好，比如交流和运动等，大家都差不多。比如我喜欢打网球，这个社区的居民有很多人有这样的爱好。”（2013 年 10 月 11 日，祈福新邨居民，访谈 No.43）

实际上，祈福新邨居民的集体身份正经历从高收入的均质阶层群体向不同收入群体混合居住转变。随着社区建设规模的增大和社区住房类型结构的多样化，不同社会背景和收入水平的居民迁入居住。祈福新邨作为富人社区的身份符号开始被冲淡和模糊化。社区居民群体中中等收入群体的比例在不断上升，其中包括许多出生在农村，但大学毕业后移居广州的外来移民。由于他们受过良好的教育，通常得以在城市里找到稳定的工作并定居下来。按照中国的文化传统，一般在农村的父母也会跟随子女来城市里居住，帮忙照看孩子或者随迁入城养老。然而，这些年轻移民的父母大多受教育程度较低，长期从事农业活动，迁入城后难免带入一些不良习惯。部分受访者表示，来自农村的中老年移民群体迁入祈福新邨居住后扰乱了社区原有的公共秩序和社区居住环境，如产生了不排队搭乘社区穿梭巴士或乱扔垃圾等行为。因此，引发了部分居民对社区人口结构的不满。正如一位受访者所说：

“社区居民的素质不敢恭维，现在户籍管理没有那么严了。大家可以到任何一个地方去谋生、去打工、去挣钱。挣了钱就能买房，拿身份证就能买（没有任何限制）。买了以后，觉得好，定居了，把父母接来（一起居住）。接来以后，你想一想，每个人来自各个地方，身上都带了很多（不确定的）信息。有文化（程度）高的有文化（程度）低的。我不能认同社区居民高素质的构成。”（2012 年 12 月 13 日，祈福新邨居民，访谈 No.34）

另一位在祈福新邨居住了十多年的居民也抱怨道：“现在祈福新邨里面总体的居民素质差了很多。怎么说呢，就是因为那些所谓的‘白领’。你知道，中国是个农业大国，有些人读书出来了，但是作为父母的那一代，还是农村人。他们（跟随子女）出来到这个地方来。他们对卫生等好多方面，都不注意。比如在一些公共场所随便乱扔垃圾之类的。这还是跟他们平时生活的环境有关，他们来到这里，也没有想过要提升一下自己，改变一下自我，以前坐社区巴士大家都是很自觉的排队，现在都是挤啊，不排队！”（2014 年 11 月 20 日，祈福新邨居民，访谈 No.61）

为了应对社区居民群体素质和社区生活环境品质的下降，许多高收入居民选择离开社区，迁往别处居住，这“稀释”了最初同质化的高收入社区居民群体结构。据报道，截至 2003 年，80% 的第一代社区居民搬离了祈福新邨（陈皮，朱宗文，2003）。随着原有社区秩序被打破和社区集体身份认同的瓦解，社区里的高收入人群逐渐选择迁往其他社区，从而在城市的其他地方建立起了新的封闭社区边界。人类生态学派将这一过程解释为侵入和演替（invasion–succession），足够多的低地位群体的到来导致高地位群体的离开，从动态角度解释了隔离的形成（Schelling，1971，Schwirian，1983，Gotham，2002）。

7.4.2 符号维度的去边界化：扩大的地域归属感

封闭社区的居民频繁访问比邻村落，尤其是对频繁接触的边界缓冲区，产生了一定的地域归属感和地方依恋。一位封闭社区居民说：

“我有时会告诉其他人我住在钟村，而不是告诉他们我住在祈福新邨；因为有时我不希望别人知道我详细的住所。”（2012年12月8日，祈福新邨居民，访谈No.18）

“我们通常说去‘钟村’，实际上是去钟一村。在当地的观念中，钟一村被称为是‘小钟村’”。（2012年9月2日，祈福新邨居民，访谈No.01）

祈福新邨的居民有时会自我介绍说：“我住在钟村！”当地人口中说的钟村是一个镇街范围大小的地域概念，包括祈福新邨和钟一村等村落，钟一村在当地又有“小钟村”之称。当祈福新邨居民自我介绍说住在钟村，那么他有可能住在祈福新邨，也有可能住在钟一村，或者其他村落。他们在自我介绍时没有特意把自己从周边破旧的村落（或者“贫民窟”）中区分出来，说明是一种“地域歧视”的减弱或消除。说明祈福新邨居民开始接纳周边村落，认为周边村落是他们生活中的一部分。如果社区居民对比邻村落存在很强的地域歧视，或者很强的污名化的意识，那么他们在向别人提起自己的住所时或多或少会把自己的住所从比邻村落中区分出来。这说明祈福新邨社区居民在某种程度上已经接纳了相对破旧的比邻村落作为自己生活的一部分。长期与周边村落的接触，逐渐形成了一定的地方归属感和地方依恋。相反地，周边村落的居民有时也会介绍自己住在祈福新邨附近，祈福新邨对村落居民来说是一个新的地域概念，逐渐被接受。可见，两个社区群体之间开始出现共同的地域概念。

另一个体现祈福新邨居民开始接纳周边村落的案例是二手房租售的宣传广告或资料。祈福新邨在售的二手房宣传资料中，部分属于钟一村的公共服务设施，钟一村菜市场、钟村育英中学和钟村中学等，被宣传为祈福新邨的配套设施（图7-16）。这些农村服务设施被纳入封闭社区住房销售宣传中，有利于促进居民形成共同的地域意识。这说明封闭社区居民已经将比邻村落与祈福新邨视为一个整体。综上所述，在两类社区的去边界化进程中，封闭社区居民逐渐将邻村中的一些地方视为他们自己生活居住的一部分，而不是将这两个不同质的社区视为完全孤立的地方。

位置信息

行政区域	番禺 - 祈福
楼盘地址	番禺区市广路与金山大道交汇处
交通状况	公车：1 路、13 路、15 路、301 路、305 路、307 路、288 路

特色信息

优点	暂无资料
缺点	暂无资料

建筑信息

开发商	祈福新村房地产有限公司
建筑年代	2002-01-01
建筑类别	住宅
绿化率	75%

配套信息

物业公司	祈福物业管理有限公司
物业费用	2.70 元 /m²·月
配套设施	幼儿园：祈福精英幼儿园、祈福英语实验幼儿园、祈福新邨幼儿园、钟三村幼儿园 中小学：祈福新村学校、钟村中学、祈福英语实验学校、钟村育英小学（市一级）、祈福公立学校 大学：广东工业大学 商场：祈福超市、钟福广场、钟一农家市场、鼎泰茶叶城、长华商业街 医院：番禺区钟村医院、祈福新村医院 邮局：祈福邮局 银行：中国银行、工商银行、农业银行、建设银行、招商银行、东亚银行 其他：祈福新村食街、祈福新村会所、祈福新村俱乐部、祈福商业街、钟福广场电影院、祈福不夜城 小区内部配套：篮球场、羽毛球场、网球场、壁球场、水上高尔夫球场、保龄球场、足球场、射箭场、溜冰场、电子游乐场、泳池、室内恒温泳池、水上乐园、潜水馆、攀岩馆

13073 元 /m²

番禺　祈福名都
17998 元 /m²

番禺　金山谷国际社区
31042 元 /m²

图 7-16　祈福新邨在售房产的网络宣传资料截图

（来源：中原地产代理有限公司（2014））

7.5　符号维度的再边界化

封闭社区居民对比邻村落的地域歧视减弱并不等同于对比邻村落居民的完全接受。符号维度的去边界化伴随着符号维度的再边界化进程。寻求安全感、社区秩序的空间策略同时增强了边界的屏障效应。边界象征着封闭社区的安全感，不少封闭社区居民认为居住在附近的“社区外面的人”是社区犯罪和混乱的潜在来源。封闭社区居民对比邻村落居民的污名化现象仍然存在。

7.5.1　寻求居住的安全感

对于封闭社区的居民来说，封闭社区的物理边界是现成的边界。开发商在楼盘建成时就竖起了围墙和栅栏，采取封闭式管理。居民入住后，并不愿意开放边界，认为社区围墙是必须存在的。对他们来说，封闭社区的栅栏和围墙象征着一种居住的安全感。

1. 边界作为安全的象征

物质性的围墙边界营造了社区的安全感。许多受访者在访谈中提及门禁和封闭式管理有利于增强社区居住安全（访谈 No.12、No.13、No.39、No.47）。

“有了封闭式管理，小偷相对少了，而且来偷比较不容易。不过一般偷也偷不到什么东西。钱嘛，家里都没有放什么钱，大家都是用存折，钱都是放到银行里。那些大件的东西，要偷出去的话，要用车子运出去比较难。因为外来车子进不来。封闭管理对安全方面确实比较好。”（2013 年 10 月 6 日，祈福新邨居民，访谈 No.39）

“社区很有必要封闭式管理，开放式管理会有很多治安问题。这么大的小区本身就居住了这么多人，如果再开放式管理，外面的人再进来，很容易发生盗窃啊、凶杀……。什么都有可能……社区经过这么多年的封闭管理，现在已经很成熟了。由于社区封闭管理，外面的人进不来。我在社区里感到很安全。”（2013 年 10 月 13 日，祈福新邨居民，访谈 No.47）

“社区封闭式管理就不会有闲杂人等进来了，就不会有一些打广告、发传单的人，或者说小偷什么的进来。这起码会安全一点。”（2012 年 12 月 8 日，祈福新邨居民，访谈 No.18）

事实上，“封闭式的物业管理”增强了居民的安全感，对他们来说，没有大门和围栏的情况是无法想象的。在祈福新邨购买别墅作为第二居所的一位居民说：“如果没有围墙的话，当我不在这里住时，我会对自己的财产感到不安全。”（2012 年 12 月 13 日，祈福新邨居民，访谈 No.34）

另一位居民将祈福新邨与无实体围墙的钟一村进行了比较：“这里的安全感更好。我不太愿意去钟一村，那里肯定不如这里安全。虽然它不是那么不安全，但我不敢在晚上去那里。”（2012 年 12 月 8 日，祈福新邨居民，访谈 No.21）

门控设施和围墙在我国城市中是如此普遍的存在，以至于一些居民不认为封闭式管理是一种异常的社会现象。正如一位受访者所说：“现在社区都要凭卡才能进来。如果任何人都不用办卡也可以进来，那么安全还是比较有问题的。其实现在很多小区，（只要）不是那种很老的小区，基本上都这样（实施封闭管理）。”（2012 年 12 月 13 日，祈福新邨居民，访谈 No.32）

2. 边界作为付费的私人服务

安全被视为是物业管理公司提供的一种私人服务。居民们经常提到，有必要设置门禁系统的原因是他们支付了物业管理费。认为保障社区安全是物业服务的一项内容，根据收取管理费的事实，维护社区内部安全是物业管理公司的责任：

"问：作为业主，你希望封闭管理得宽松一些还是严格一些？

答：我更喜欢封闭管理得严格一些。

问：为什么？

答：封闭管理的话起码感觉物业管理比较到位。如果不封闭的话，那社区找物业公司干什么？封闭管理的话，物业管理费就没有白交，要不然管理费就白交了。

问：你认为物业管理费是用来干什么的？

答：管理费的使用是多方面的，包括社区清洁和绿化、内部安全、穿梭巴士服务等。

问：你每个月需要支付多少管理费？

答：祈福新邨的物管费实际上很高。平均 2.2 元 /m，但无论住房面积多大，起步价都是 180 元。"（2012 年 12 月 8 日，祈福新邨居民，访谈 No.18）

除了社区封闭管理外，当被问及为什么社区需要很多警卫在里面巡逻时，一位居民声称："对我们来说，缺一个安全的社会环境。交了那么多管理费，肯定需要提供相应的服务。如果保安都不用这么多，那我们就不用交那么多管理费。"（2013 年 10 月 13 日，祈福新邨居民，访谈 No.47）

然而，虽然有社区周边有围墙和门禁管理，社区内部有保安巡逻降低了犯罪发生的可能性，但事实上并不能杜绝或阻止犯罪。在访谈中，受访者不仅频繁地提到祈福新邨发生入室盗窃的事件，甚至有杀人事件发生。一位受访者描述了一件发生在自己身上的入室盗窃的犯罪事件。

"封闭管理也不一定安全，我闺女那个小区，外面有大门，小区组团还有小门，最重要的是还有保安巡逻，但是那个晚上也是家里进小偷了。当时是晚上 9 点多钟，我闺女上广州（市区）的朋友家了，就我女婿在家。那天天热，又下雨又打雷。他看打雷就没有开电视，把电视关了，灯也关了。他开着门有风凉快，放个垫子在地下就躺下睡了，那时才 9 点多钟，他就没有睡着嘛，光着膀子就在地上睡。那小偷就偷偷地进来了，我那女婿往大门一看，发现外面有个人。小偷也看到他了，小偷一看里面有个人，一抬两腿就跑了。要是没人在家就遭偷了。你说小区也是封闭的，有啥用啊？没用！"（2012 年 12 月 8 日，祈福新邨居民，访谈 No.19）

犯罪确实发生在祈福新邨中，统计显示，在过去的 13 年中已有媒体报道了4起谋杀案（黄博纯，许琛，2012），2014年4月~9月，在祈福新邨共发生了大约100起入室盗窃（搜狐焦点论坛，2014）。最近的一起谋杀案是祈福新邨的一栋别墅藏尸案件，引发了居民对物业管理公司拉横幅的抗议活动。社区居民要求物业管理公司保护社区安全，并要求在社区里面安装监控系统。

因此，在感知到的和真实存在的犯罪威胁下，社区安全被房地产开发公司包装为社区提供的公共服务，并因此在住房出售时售卖给业主。根据这个逻辑，围墙和栅栏等物质边界代表安全感，虽然并不能完全杜绝犯罪，但它能提供或增强封闭社区居民的安全感。

3. 污名化：相邻村落居民是潜在的犯罪来源

封闭社区的居民不信任甚至歧视附近村落的居民，并视他们为社区犯罪的来源之一。大多数受访者认为，如果比邻村落的居民可以随意进出社区会带来犯罪：

“我认为（附近的人进来）看看应该没有问题。但是他们还是不要进来的好。如果他们是进来看一看或者坐一坐都可以。80%的附近的人或许是这样的（目的），但是20%的人可能不是这个目的。80%的人或许是好的，但是其他20%就很难说”（2013年10月11日，祈福新邨居民，访谈No.46）

一些居民表示，“封闭式物业管理”是针对一般的外来人员，如销售人员、派传单的人、小偷和入室窃贼者等。然而，事实上也是针对附近村落的居民。如一位社区居民所说：

“我不愿意他们（附近村落的居民）随意进来，一是现在小区居住的人已经太多了，另外一个就是安全，因为他们想要进来（享受社区的）公园、娱乐或者其他设施的话，周边也有啊。只要他们进来小区里面，肯定有他们的目的。如果他们一定要来社区里面，社区门口有很多草地啊，可以供他们（休闲娱乐），就没有必要进到社区里面了。”（2012年12月8日，祈福新邨居民，访谈No.21）

在现代化的城市社会中，人们之间普遍缺乏信任。特别是在特大城市地区，快速的城市化使来自全国不同地方的人聚集生活到一起。祈福新邨就像一个社会的大熔炉，什么样的人都有。人与人之间的不信任不仅存在封闭社区与比邻村落之间，同时也存在于社区内部的居民之间。

“如果我在这里早上拿出一百块钱买早点，（店家）需要看一看，在墙上刮一刮（以辨真伪）。在我家乡，别人看都不看，因为他觉得你不会骗他。”（2013 年 10 月 11 日，祈福新邨居民，访谈 No.43）

尽管有封闭式的物业管理，但社区里仍时有入室盗窃的事件发生。居民们开始怀疑窃贼可能是封闭社区内部的居民。如讲述雨夜入室盗窃未遂事件的受访者，当被问及为什么在社区封闭式管理的情况下仍会发生入室盗窃的犯罪事件时，她回答说：

“这么大一个小区，小偷有（社区）内部的人，社区内部的人也可能是小偷。（小偷）他不是在外面进来的，他就是这一个小区的。”（2012 年 12 月 8 日，祈福新邨居民，访谈 No.19）

“现在平时小偷都很多。会不会是社区业主或其他什么人，都很难说。总之，现在从某种角度上来说呢，以前我们感觉祈福新邨是一个有档次的小区，现在我们都觉得是很平民化的小区。”（2014 年 11 月 20 日，祈福新邨居民，访谈 No.61）

令人意外的是社区居民甚至不信任小区的保安，他们认为保安也可能是犯罪的源头。社区保安是一个临时性的、收入较低的工作岗位，物业管理公司经常雇用没有经验的农村移民或者上了年纪的人做社区保安。因此，居民们认为社区中巡逻的保安仅代表表面的安全：

“管理公司会经常换保安，有时候小换，有时候大换。一两年小换，两三年大换。以前有的保安，他人很好的，业主提了很重的东西，他都会帮忙的。我们有东西也会送给他们吃一吃啊。现在社区保安都是做做样子。保安也有会走调的啊，看得到人，看不到心。”（2013 年 10 月 13 日，祈福新邨居民，访谈 No.51）

7.5.2 社区秩序化与排他

再边界化的过程涉及秩序化和排他（Van Houtum and Van Naerssen, 2002）。“边界是人类行为中不可或缺的一部分，它们是人类生活中对秩序、控制和保护的需要的产物，它们反映了我们对同质性和差异性的需求，边界是‘我者’和‘他者’之间的分界线和标志”（O’Dowd，2002）。社区边界构建了一种需要社区居民共同遵守的秩序，构建了“社区里面的人”与“社区外面的人”的区别。社区边界是居民追求同质化居住群体的标志，在追求社区同质性的过程中，必然伴随着社区的排他和创造他者的过程。换句话说，边界创造了秩序，同时异化他者。秩序构建和排他进程被镶嵌在符号性的再边界化进程中。

1. 社区边界是一种秩序和规则的构建

对于居民来说，边界对于保持社区内外的秩序非常重要。祈福新邨内建有祈福湖供社区居民日常休闲之用（图7-17）。居民常在这里组织各种团体活动，如舞蹈、象棋、唱歌等。社区边界基本保障了社区居民与有相似的社会经济背景的人群一起生活，从而构建了一个相对安全有序的社区空间。在有序的空间中，居民更愿意相互沟通。正如一位居民所说：

“与我的邻居和与我不认识的外面的人（交谈）是两种不同的感受。与那些外面的人交流，因为人太杂，安全感会降低。所以从潜意识上来讲，我会区分（对方是）外面的人和还是社区内的人。如果是社区内的人，就可以像我们这样聊一聊；如果是社区外面的人，一般不打扰，不联系！”（2012年12月4日，祈福新邨居民，访谈No.13）

图7-17　祈福新邨内的日常生活空间

（来源：作者自摄）

居民将边界视为一种社会地位的象征。社区边界将不同的社会群体划分在不同的地域居住，高收入群体住在里面，而低收入群体住在外面。居民们甚至认为，社会分层可以促进低收入人群努力工作。现代化的封闭社区象征着一种高品质和美好的居住生活，可以使社区外面的人为了迁入社区生活而努力奋斗。

“在我的观念里面，人们就是要有自己（生活）的圈子，很多那种鱼龙混杂的社区，让我觉得没有秩序。我觉得社区要有很好的秩序，而且有这种秩序之后，就是像一些经济条件不好的人，他就有一个（为了住进来而）奋斗的目标。”（2012 年 12 月 4 日，祈福新邨居民，访谈 No.13）

社区的封闭管理可以理解为是一种秩序的构建，或者换句话说是一种规则的构建。社区有了管理才能构建秩序，才有大家共同遵守的规则。

“任何人都可以进来，但是进入时要登记，要遵守（社区）里面的规则。比如拿了自由出入的签证，从来没有海关官员不让你通过（国界）的，但是一旦你进了他们的地盘，就要遵守他们的法律，遵守他们的秩序。我们进到钟一村也是一样，没人拦着你不让你去的，但是进入到他们的地方，就要遵守他们的秩序。”（2013 年 10 月 5 日，祈福新邨居民，访谈 No.35）

2. 排他和创造“他者”

边界化的过程也是一个排他的过程。社区为了保持居住群体的同质性和良好的秩序，边界对周边群体的排他因此而展开。居民下意识地歧视和排斥附近村落的居民。实际上，祈福新邨居民需要钟一村通常只是为自己社区服务。封闭社区居民给附近村落的居民贴上污名化的标签，认为他们是“不讲卫生的”和“秩序破坏者”。社区居民把封闭社区与周边村落的关系描述为“猫和老鼠”的关系：

“就像在首都北京过农历新年一样。好像没有了这些外地人，没有民工，北京人一到过年，就缺保姆了，然后早点也吃不上了。其实我们与周边村落之间的关系就像‘猫和老鼠’一样。互相见不得、离不得，见了面觉得，你真脏啊，搞得我们（社区）的卫生不好，但是如果这些人走了，社区的配套（跟不上），很多店的东西就没有了，东西都买不到了。”（2012 年 12 月 13 日，祈福新邨居民，访谈 No.34）

同样，附近村落的居民也表达了一种被隔离的感觉，他们将祈福新邨的居民看作是一群很遥远的群体：

“祈福新邨与钟一村的关系就像古代皇帝与平民的关系一样。皇帝住在豪华的宫殿里，而平民住在外墙外周围的地区。”（2012 年 12 月 13 日，钟一村移民，访谈 No.33）

封闭社区居民在生活方面需要附近村落的人提供各种物品和服务，而在社会或心理层面上却潜意识地排斥他们。一方面，封闭社区居民视附近村落的居民为廉价劳动力服务和各种物品供应的主要来源之一，如果没有他们，社区居民会感到日常生活的诸多不便。但另一方面，如果两个社区群体间没有围墙边界、相互混杂居住，就容易产生潜在的冲突。同时，不少封闭社区居民视周边村落的居民为混乱和破坏社区卫生环境的源头。因此，封闭社区居民不愿意他们随意进出社区。封闭社区围墙的构建成为将较高收入的封闭社区居民和较低收入的村落居民隔开的边界，创造了“我者”和“他者”“社区里面的人”和“社区外面的人”的划分。

7.6 跨越居住区边界的社会网络构建

7.6.1 封闭社区与比邻村落间不同类型的社会关系

1. 弱社会联系

祈福新邨与钟一村之间存在很强的经济往来，两类社区居民之间因此产生了一定程度的弱社会联系，但是经济往来并未产生强的社会联系。虽然许多祈福新邨居民喜欢每天在钟一村购物，但他们的联系大多局限于经济往来，前往周边村落只是为了购买所需的服务和商品，而非社会交往。正如祈福新邨的居民描述的那样：

“我是去买菜的，我认识他们（比邻村落的摊贩主）有啥用，也不知道人家姓啥叫啥。买菜都忙着呢，哪有时间跟人家聊天，没啥意思。（但是）面熟倒是有。”（2012 年 12 月 8 日，祈福新邨居民，访谈 No.19）

“一般与他们不交流，就是打个照面，买菜见面见多了熟悉一点，见面了就打个招呼这样子。”（2012 年 12 月 8 日，祈福新邨居民，访谈 No.18）

“村落那边没有认识的人，（如果说有）面熟的人的话就是平时经常去那边买菜，或者剪头发会有比较熟一点的，但也不至于到达朋友那种程度。

以前有请过（村里面的）阿姨来打扫卫生，但也不是说有什么固定的联系吧。只是在那个地方偶尔找一个阿姨过来打扫一下卫生，没有交流过，基本上不太了解他们的情况。”（2012年12月4日，祈福新邨居民，访谈No.12）

下面是对一位在钟一村从事衣服缝补服务的外来务工人员的采访。由于部分来自祈福新邨的顾客是常客，因此，受访者对他们较为熟悉。在采访过程中，有她认识的客户来时，她会介绍一下他们的情况。顾客在等待衣服时，她经常与顾客聊天，所以认识了较多来自祈福新邨的居民。

“问：平时都是什么人过来缝衣服？

答：多是些在祈福新邨居住的老太婆。

问：你跟他们熟吗？

答：有些熟，有些不熟。经常来的就熟一些。

问：你跟他们有没有来往？能否叫出她们的名字，知道她们是干什么的吗？

答：名字我就不知道，说句实话，要说她们是做什么的，倒是知道些，大多数都是做生意的。一般都是年纪大一点的人来，年轻的人很少来，年轻人没时间，他们一般星期六、星期天才出来。”（2012年12月9日，个体裁缝，访谈No.27）

虽然封闭社区居民与比邻村落居民之间没有产生强的社会联系，但是频繁访问比邻村落而产生的人流具有很重要的社会意义。第一，封闭社区居民到比邻村落的经济往来增加了中等收入居民与低收入群体之间社会接触的机会，一定程度上弱化了居住隔离。第二，经济往来催生了封闭社区居民与比邻村落之间的弱社会联系，如打照面、简短的问候、面熟等。第三，弱社会联系有利于增进两个群体之间的相互理解，减少社会隔离。

2. 跨越边界的强社会联系

除了跨越边界的弱社会联系外，也出现了一些强社会关系。主要有以下几种类型。

第一种是村民之间宗族关系，由于番禺区的经济发展和钟一村的经济的改善，部分年轻一代村民开始在周边的封闭社区购买住房，其中也包括部分迁入祈福新邨的原住民。他们搬进祈福新邨之后，仍与钟一村的亲朋好友保持非常密切的社会关系：

“我女儿4年前在（祈福新邨）里面买了一套房子，我和妻子住在村子里，我们经常去女儿家吃饭。”（2013年10月6日，原住民，访谈No.38）

“我的外甥在里面住，我的侄子也在里面住，他们买了房。打个电话就可以进去了。……今天晚上我要去祈福会馆，我们去喝喜酒，是我们的亲戚在祈福会所那里摆酒席，他儿子结婚。”（2012年12月9日，原住民，访谈No.26）

可见，虽然祈福新邨作为封闭式社区，建有围墙并采取封闭式管理，但是农村传统建立起来的亲戚和宗族关系仍然强有力地渗透进物质性的围墙边界。

第二种两类社区之间的强社会联系是通过外来流动人口建立的。农村向城市的移民存在链式迁移的现象。当一部分农村移民，尤其是受过高等教育或者在城市里打拼赚了钱的移民，在城市中定居后，会介绍同村的亲戚或者老乡来城市里务工或干活。祈福新邨居民涌入钟一村消费和购物带动了钟一村的商业发展，并创造了许多就业机会。部分在祈福新邨购房的永久移民，看到了钟一村的商机或机会，会介绍他们的亲戚或同乡来比邻村落务工。以访谈No.33为例，受访者的叔叔（从事新闻媒体相关的职业）居住在祈福新邨，介绍了她和她母亲一起来这边谋生，并租住在钟一村。每逢周末，她们常会来祈福新邨里面休闲和看望亲戚。

第三种渗透封闭社区边界的强社会关系为特殊类型的就业工作关系。这部分人居住在祈福新邨，但是工作在钟一村。如钟村中学的部分教师，在祈福新邨买了房，但是他们在钟村中学的学生多为村民的子女。因此，通过师生关系建立了很强的社会联系（访谈No.15）。此外，部分社区工作人员或者钟一村卫生工作站的医生等均有买房或租住在祈福新邨的案例，他们居住在封闭社区里面，但是服务对象主要是比邻村落的居民群体。在工作中，祈福新邨居民与比邻村落的村民建立了较强的社会联系。

3. 不同的生活圈

尽管部分外来务工人员、原住民通过商业往来与祈福新邨居民建立了弱社会联系，但是大多数外来务工人员仍然生活在自己的圈子里，与祈福新邨居民很少有交往。在城中村中，外来务工人员的生活圈子大多由相同社会经济背景的老乡组成，少有与其他群体的强社会联系。一名外来务工人员描述道：

“我不认识住在祈福新邨的人，但我在钟一村有很多老乡。我们是在这里打工的，（我们）哪里住得起祈福新邨的房子？也没有认识的老乡住在新邨里面。”（2012 年 12 月 3 日，钟一村外来务工人员，访谈 No.10）

图 7-18 是两名利用闲暇时间从事饰品加工的外来流动人口。她们都来自湖南省，在村里居住了 5 年，当年随同子女一同前来钟一村，日常的工作是照看小孩和帮忙做家务。她们两人是在公园里休闲活动时认识的。其中一人介绍另外一人参与饰品加工。两人一天的生活轨迹具有一定的典型性，每天早上送小孩去幼儿园，然后来到公园里做饰品加工的活。临近中午，都回家为同样在村里务工的子女做饭。午饭后，她们回到公园里继续从事饰品加工的工作直到下午 4 点，临近放学时间，前去幼儿园接小孩回家。这样一天下来，每个人一般平均可以加工饰品约 80 件，每件 0.25 元，每人每天可以挣得 20 元左右的生活费。可见，外来务工人员的日常生活时空轨迹多与同类人员的生活轨迹相重叠，很少会与祈福新邨居民的生活轨迹圈层相交。

图 7-18　在钟村公园从事手工加工的外来流动人员

在钟一村，基本上根据外来务工人员的来源地，形成了不同的老乡圈子。例如，活跃在村里面的湖南老乡帮、江西老乡帮等。一位来自江西省赣州市的外来务工人员说：

“我们来自赣州，主要做装修。以前我们是在福建厦门那边做的，后来把我们调到这边来，发现了这边有很多机会，很多老乡就跟着过来了，现在还有很多人在这边。以前更多，至少有500多人，许多人因为2008年的金融危机离开了，现在应该还有200多人左右。”（2012年12月9日，钟一村外来务工人员，访谈No.28）

外来务工人员与原住民居住在钟一村，这两个群体之间没有任何看得见的围墙边界，但是两个群体却基本生活在不同的圈子中。虽然外来务工人员在城中村生活了很长一段时间，但他们仍然没有与当地村民或祈福新邨居民形成社会关系。外来务工人员和当地村民最常见的联系是经济联系，即房东与租户之间的关系。外来务工人员和原住民之间很少有社会接触，而且缺乏对所居住城市的地方依恋和归属感，即使他们在务工的城市里生活了很长一段时间。

“问：你来这里多久了？

答：我们在这里住了很久了，最起码有20年了，我是在这里打工。

问：你在这里具体做什么工作？

答：我是一名泥水工，我什么都做，大部分时间是做建筑工人。

问：你的家人和你在一起吗？

答：是的，我们在这里租房子，如果我的家人不在这里，我不会在这里待这么长的时间。但这里读书很贵，我的小孩之前在家里上学。现在他（长大了）在附近的一家工厂上班。

问：你以前去过祈福新邨吗？

答：没有，我们不会去其他地方玩。很少去那边，我们不去玩，哪有时间玩，我们中午吃了饭，下了班就一个小时休息，随便走一下，就要上班，哪有时间玩。

问：20多年在这里，会讲这边的语言了吗？

答：不会，我们很少有学习的机会，也很少与本地人接触，不会去跟人家讲什么。”（2012年9月2日，钟一村外来务工人员，访谈No.02）

外来务工人员虽然长期在城市里工作，但是以下几方面的原因迫使他们难以融入工作所在的城市，最终离开，成为城市里的过客。第一，外来务工人员的户口以及他们的根仍然留在各自的家乡，城市的社会福利系统把他们排除在外。第二，外来务工人员在城市中具有很高的流动性。他们中的大多数人都是从事临时的、非正式的工作或者是个体户。经常或频繁地更换工作，限制了他们与当地村民形成稳定的社会关系。第三，外来务工人员融入当地村庄或城市存在一定的语言障碍，例如大多数外来务工人员不会说广东话，有些甚至不太会说普通话。语言障碍制约了外来务工人员与当地村民之间的融合与沟通。

4. 社交联系的减弱或疏远

虽然社会网络的构建具有很强的边界渗透性，封闭社区与比邻村落之间构建了不同程度的社会网络联系，但是“围墙”的存在从地理空间上将两类社区的居民隔离开来，这或多或少地影响了他们原来构建的社会网络关系。访谈显示，部分原来居住在村落的居民搬入封闭社区居住后，他们与村落居民之间原有的社会联系便逐渐随着时间的迁移而减弱或者消失了。

“我原来有一位认识的朋友在祈福新邨买了房。他是我在做工的时候认识的。我很久以前我去过他家里一次，他给过我一个电话号码。电话号码当时写在报纸上，放在衣服口袋里。回家洗衣服时（忘记取出来了）结果把号码洗掉了，就没有了。我现在不知道他做什么了，电话号码都没有，后面很少来往。”（2012 年 12 月 3 日，原住民，访谈 No.09）

“我去过两次（祈福新邨）都是去那个朋友家玩，之前有来往，现在没去过啦，零几年的时候去的。那个朋友是一个老乡，之前过节时会来，之后没有什么联系，现在也不知道他怎么样了。”（2012 年 12 月 5 日，钟一村外来流动人口，访谈 No.16）

前面提到的通常在夏天去祈福新邨乘凉的原住民，常常与许多祈福新邨居民互动。然而，根据他的陈述，并没有建立很强的社会关系：

“问：你经常去祈福新邨里面，在里面有没有认识人？

答：很少，很少。即便有一两个，也是去（乘凉）的时候跟他们熟的，不是本地人，什么地方都有，湖南、江西、四川、上海，什么地方都有。

问：那你们现在跟他们还有来往吗？

答：没有，就是乘凉的时候聊一聊，闲聊，纯属闲聊。”（2012 年 12 月 5 日，钟一村原住民，访谈 No.15）

7.6.2 祈福新邨的邻里关系

封闭社区内部的邻里关系同样存在社会互动滞后的问题，祈福新邨的居民之间缺乏互动和交往。受访者多数提到人们忙于工作，几乎没有机会见面，甚至没有时间与邻居交流：

"与邻里一般很少交流，邻居都很少交流。我们早上出去上班了，晚上才回来，很少见面，平常很少交流。"（2013 年 10 月 13 日，祈福新邨居民，访谈 No.47）

"大家的圈子都不大，现在的圈子都是局限于同事，或者是几个朋友之间。……我们的工作压力都很大，一周难得有那么一两天闲暇时间。跟邻居没有联系过，我想跟别人打招呼，别人也不一定愿意理我。一般情况都见不到，早上出去，晚上回来，回来大家的大门都是紧闭的。"（2013 年 10 月 11 日，祈福新邨居民，访谈 No.43）

一位老年居民在祈福新邨买了一套房子作为退休养老的地方。他通常待在家里，由于与邻居的联系不多，他表达了一种孤独的情感：

"我不认识隔壁的邻居，因为他们总是关着门窗，很难看到他们。我通常在家看电视。到了做饭的时候，我就出去买菜和肉，然后回家。有时候我只是去祈福湖休息一下。"（2012 年 12 月 1 日，祈福新邨居民，访谈 No.07）

公共空间是居民的集体娱乐和交往空间，如祈福新邨的天鹅湖和社区俱乐部等，社区居民之间的日常沟通和联系大多发生在这里。然而，居民之间的日常接触并没有形成亲密的关系，正如一位祈福新邨居民所说：

"我们彼此也熟，但互相都不串门，我不上你家，你也不上我家去，就是在这里，坐在一起说说话。例如，你家几个小孩，我家几个小孩，拉拉家常。有的给子女带孩子，有的老人不带孩子了，就是和儿子一块住，或跟闺女一块住。现在带孩子的都是外地来的（老年人），东北的、四川的、山东的、广西的都有。"（2012 年 12 月 8 日，祈福新邨居民，访谈 No.19）

由于经济和城市化的快速发展，大量人口从农村迁移到城市，或者从

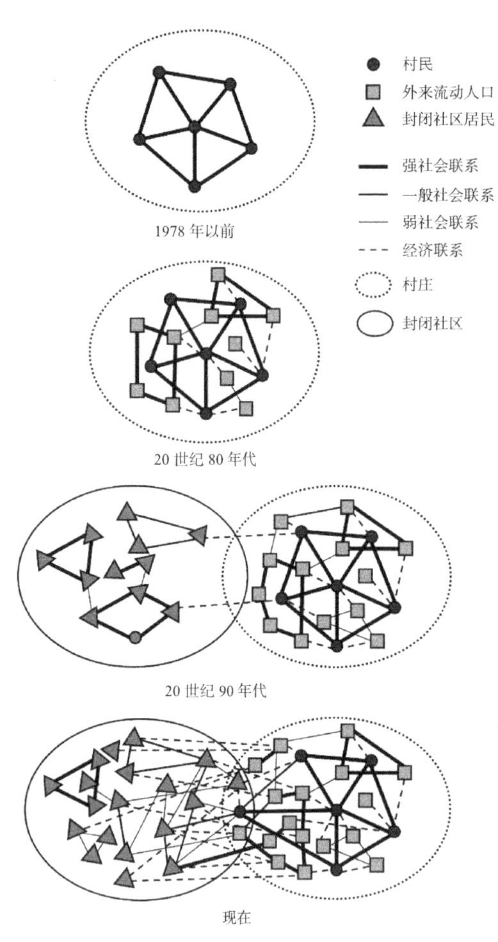

图 7-19 居住边界区的社会网络关系转型
（来源：作者自绘）

不发达的内陆城市迁移到沿海发达城市，不同的人在很短的时间内聚居在一起。随着外来人口的增多，旧的邻里关系被打乱，而新的邻里关系仍在形成。社区居民来自五湖四海，相互不知根不知底，邻里之间很难形成稳定的社会关系。居民居住在同一个社区，但每个人都是陌生人。正如一位怀念家乡亲密邻里关系的居民所说：

"我和父母在青岛的时候，邻里关系和这边不同。我们在青岛的时候，楼上楼下或者对门都玩得很好。一家如果做什么，都会吸引对家去做。比如说我的孩子在哪里上培训班啊，他们也跟着一起上。平时你们到哪里去玩啊，我们到哪里去玩啊，都会聊，还一起组团出去玩，邻里关系很和谐。其实我还是比较喜欢北方和（老家）青岛的。"（2013 年 10 月 11 日，祈福新邨居民，访谈 No.43）

7.6.3 居住边界区的社会网络关系转型

社会网络的边界是指封闭社区与比邻村庄之间的社会关系隔离。居住边界区的居民之间的社会关系发生了转型（图 7-19），这种转型涉及社交网络维度的去边界化和再边界化进程。不同程度的社会联系，包括经济联系、弱社会联系、一般社会联系和强社会联系等已跨越了居住区边界。

1. 20 世纪 80 年代的社会网络关系

改革开放前，钟一村是一个传统的农业村庄，居民基本是从事农业活动的本村村民，他们是一个均质的群体。村民之间以宗族关系为纽带存在着强社会网络关系和社会交往。20 世纪 80 年代，钟一村像其他珠三角的农村一样办起了村镇企业，并通过出租厂房或用地吸引了部分外资来村里办厂。村镇工业的发展吸引了外来务工人员在此居住和务工，从而逐渐改变了村落中的人口结构，打破了均质化的社会空间。在这一时期，大多数外来务工人员都是第一代农村移民，他们与钟一村村民保持着房东与租客的契约关系。在第一代外来务工群体中存在两种类型的社会网络关系：一是，同一村庄或同一地域的农民共同迁往此处务工而形成的老乡关系。老乡圈子基本是外来务工人员的生活和社交圈，他们之间的社会关系十分紧密。二是，由于在同一家工厂务工而形成的同事关系。相对于前一种老乡关系，务工形成的同事关系相对不稳定，且联系和交往程度相对较弱。

2. 20 世纪 90 年代的社会网络关系

自 1991 年祈福新邨建成开盘以来，钟一村被分为两部分。在 20 世纪 90 年代，祈福新邨的居民大多是我国香港或来自广州的高收入群体，他们把祈福新邨当作休闲度假的第二居所。这一时期，居住在祈福新邨的是一群具有高度同质化的高收入群体。社区居民之间普遍存在 3 种社会关系：一是在居民搬到封闭社区之前已形成的社会关系。例如，通过朋友介绍，一起在祈福新邨购买房产。二是新形成的邻里社会关系。例如，具有相似的兴趣爱好并因参与社区会员制俱乐部活动而形成的伙伴或朋友关系。三是日常社区生活中在社区的公共空间中形成的弱社会关系。例如，日常生活中在公共活动场所偶尔发生的交谈或打照面等。

这一时期，祈福新邨社区居民与相邻的钟一村的外来务工人员之间几乎没有社会联系。只有少部分原住民由于会讲粤语且有固定居所，而被祈福新邨的居民雇佣为管家或者保姆。祈福新邨的高收入群体更愿意雇佣当地村民，而不是外来务工人员，因此，钟一村的外来务工人员基本被排除在家政服务行业之外。

3. 2000 年以后的社交网络关系

2000 年以来，郊区化进程加快。随着祈福新邨楼盘规模的增长和居住郊区化的加速，许多中产阶级居民迁入祈福新邨居住。祈福新邨的社区人口结构也发生了质的变化，祈福新邨居民和钟一村居民之间的经济联系大幅增加。因此，经济联系的增强促进了跨越边界的各类社会网络关系的形成。在这一阶段，跨越社区边界出现了各种类型的社会关系。

在封闭社区内部居民之间主要为薄弱的邻里关系，这种邻里关系自 20 世纪 90 年代以来基本上保持不变。大多数居民坚持以家庭为基本单元，少与邻里产生社会联系，邻里之间缺乏稳定的、亲密的社会交往。然而，1990—2010 年间，钟一村的外来务工人员的“老乡”圈子规模在扩大。第二代外来务工人员通过链式迁移来到这里，加入原来形成的老乡圈子。因此，最初形成的老乡圈子在不断扩大，构成了不同的外来流动人口群体。虽然外来务工人员在城市生活了很长一段时间，但他们与原住民之间的联系仍是以租赁等经济交往关系为主，未形成强的社会网络关系。

7.7 边界为谁？——钟一村的无形边界

祈福新邨封闭社区可见的物理边界承载着多种含义。然而，其邻近的钟一村并没有明显的物理围墙边界，但是其隐性的边界同样具有寻求安全感、构建秩序和排他的进程。

7.7.1 钟一村的安全需求

我国的城乡土地二元体制规定了农村土地所有权属于村集体所有，因此，城中村和乡村聚落一般具有较高的自治权，村落的财政收支一般由村委会自己支配。除部分政府财政补贴外，钟一村的大部分财政收入来自集体土地和村级企业的自主经营（表 7-1）。农地、市场、商店和工业厂房的租赁是钟一村的主要收入来源，占比高达 75%。财政支出主要分为运营、管理和福利几部分，收支结余的收入作为股息分红分配给拥有股份的原住民。

钟一村财政收支情况（2011 年） 表 7-1

集体收入			集体支出	
项目		累计（万元）	项目	累计（万元）
营业收入	1. 营业收入	129.76	1. 经营支出	170.05
	2. 承包收入	1278.20	经营性固定资产的日常维护	170.05
	农业承包收入	64.90	2. 管理支出	130.26
	市场、商店和工厂租赁收入	1213.30	干部、后勤人员工资及奖金	31.34
	3. 其他收入（即银行利息）	46.09	其他（即会议、选举、业务、机动车、邮电等）	98.92
政府补贴	4. 福利费收入	247.31	3. 福利支出	789.87
	计划生育	5.15	计划生育	14.16
	义务教育学校	148.54	义务教育学校	35.37
	幼儿园	0	幼儿园	0.44
	五保困难户、军烈属	0	五保困难户、军烈属	7.07
	新型农村合作医疗补助	5.54	新型农村合作医疗费用	187.56
	路灯、清洁卫生	44.57	路灯、清洁卫生	124.98
	老人退休补助	28.38	老人退休补助	93
	治安	0.07	治安	134.44
	丧葬费补贴	0	丧葬费补贴	3.4
	其他福利补贴	11.16	其他福利支出 **	189.45
	去年余额	3.9	4. 其他支出	51.63

续表

集体收入			集体支出	
项目		累计（万元）	项目	累计（万元）
	总金额	1701.36	总金额	1141.81

* 农村贫困户享受食物、衣服、医疗、丧葬费用等5项具体保障

** 其他福利费用包括文化活动，农村基础设施维护等

*** “其他支出”包括保险、征兵、青年民兵活动等

[来源：钟一村委员会（2014年）财务报表]

从表7-1可以看出，治安已经成为村里较高的一项公共服务支出。钟一村犯罪频发特别是盗窃案件是加大治安支出的主要原因。2011年治安费用为130万元，占补助性福利支出总额的17%。在钟一村的治安管理方面，钟一村用村内的集体经济收入成立了“安保小组”，共聘用了43名警卫。在建制上分为3个小组，每个小组每天轮流在村子里巡逻。除了在村子里巡逻的警卫外，每条主要街道上都安装了24小时监控录像。此外，村委会还鼓励每个家庭安装门禁系统。

“这两年比较好，但是到年底的时候，就比较麻烦一点，每年都是这样的，一到年末的时候，那些外地人就走了，有些平常没什么工作的，他就要找路费回去，所以经常有些偷窃的事件发生，偷车，偷什么的都有。这两年主要是村内安装了摄像头。每一个路口都有摄像头，所以在管理上比较好一点。以前每一个村都有保安，靠他们开着摩托车巡逻，逮不到什么，顶多起一个心理安慰，根本不起作用的。现在有了摄像头，24小时监控的，所以威胁和作用较大一点。”（2012年12月5日，钟一村原住民，访谈No.15）

尽管自从安装了CCTV监控系统之后，钟一村的安保状况有所改善，但是情况仍然不容乐观。根据村委会的报告显示，钟一村几乎每个月都有犯罪案件发生。最常见的犯罪是偷摩托车（或自行车）和入室盗窃。2014年9月，仅一个月内就报告了5起盗窃犯罪，其中3起是盗窃车辆案件，2起是入室盗窃（访谈No.62）。

无论是感知到的，还是经历过的案件都提高了村民对安全的需求和意识。为了防范入室盗窃，一些村民还专门养了用于看门的狗。例如，一位原住民在经历了女儿出嫁期间嫁妆被盗的事件后，专门养了3条狗来看守房屋，2条狗养在大门前，另外一条则养在屋顶上，形成防御的上下犄角

之势（访谈 No.42）。综上可见，在钟一村中布设的现代和传统的防盗技术，已经形成了一个防御森严的堡垒。

7.7.2 钟一村的空间纯化进程

在钟一村村民的集体身份认同形成过程中，相伴随的是空间纯化进程。户籍制度通过附属的福利权利加强了这种集体身份认同。广州番禺区实施了“村改居”的政策。1992 年钟一村在名义上改制为城市社区。但是在改制过程中钟一村原住民并没有享受到国家提供的福利权利。确切来说，是创建了一种新的非农业户口，即只赋予了原住民享受部分国家福利的资格，但在身份转为市民的过程中，也保留了部分农村权利，例如保留了宅基地所有权和享受农村集体经济分红的权利。

虽然钟一村所有的农业户口都变成了非农业户口，但村民不能像城市户口持有人那样享受所有的国家福利。钟一村改制后，村集体从政府获得了一定数量的福利补贴，用于计划生育、教育、医疗、路灯、绿化、垃圾收集等项目。2011 年，政府补贴总额约 250 万元。但是，部分原有的农村补贴项目已经被取消，包括农业补贴和对贫困户的“五保”福利补贴。钟一村的福利支出只有一部分由政府补贴支付，其余均需要由村集体自行支付。2011 年，村集体福利支出约 790 万元，其中大部分支出（约 540 万元，占 68%）由钟一村村集体自行承担。一方面是国家不足额补贴，另一方面改制为城市社区后，农村优惠政策也不再适用于钟一村。因此，村民们抱怨在新型户籍政策之下，他们“没有资格充分享有国家提供的福利保障，同时又正在丧失原有的农村政策优惠和权利。”（访谈 No.62）

2005 年，与“村改居”政策同时实施的是农村集体资产的股份固化。该政策规定，根据钟一村户口持有人的数量把所有村集体经济资产和收入划分为一定数量的股票。所有拥有钟一村户口且在 2006 年 1 月 1 日之前出生的村民都可以分配到一定数量的股份。根据“生不增、死不减”的规则，每个家庭新生儿出生后不增加股份额度，老年去世后也不减少其股份额度。从 2006 年 1 月起，村民可根据每户持有的股票获得村集体经济的分红。2006 年 1 月 1 日以后在村里出生的婴儿有权继承家庭持有的股份，但是村集体不再增加新的股份。出生的新生儿可以由父母自行选择落户为非农业户口或农业户口。由于大部分的村集体土地已经出售，同时由于村民股票的固化，因此，新生儿选择农业户口就没有优势了（访谈 No.52）。

户口已经成为划定同类群体与外来人口的强有力的“边界”。由于村集体提供的福利和享受村集体经济分红等都是围绕户口制度而设计的，因此，钟一村本地居民的集体身份认同通过户籍制度而获得巩固和加强。

当地村民对村落存在较强的地方依恋感。祈福新邨居民的涌入加强了他们对钟一村的地方意识。村内有一个休闲公园（莲塘公园）和一座宗族祠堂，原住民和移民通常在这里休闲娱乐（图7-20）。原住民将这些地方视为他们自己的地方，并且认为在这里更容易沟通与交流：

> "只有在这里（钟一村莲塘公园），我才会和你说话；如果我们在外面（村外），我永远不会和你说话。如果我们在外面，你走你的路，我走我的路，不说话不交流，谁知道你是不是好人。"（2012年12月9日，原住民，访谈No.26）

（a）莲塘公园

（b）钟一村宗祠

图7-20 钟一村居民的休闲活动空间

（来源：作者自摄）

7.7.3 钟一村的空间排他进程

封闭社区居民与比邻村落居民到底谁在排斥谁？在村落内部实际上也存在着一条无形的边界，排斥着诸如封闭社区居民和村落外来人口等新移民。对钟一村原住民来说，祈福新邨和钟一村之间的边界是后形成的，甚至是叠加的边界。围绕社区间的边界聚居了不同的群体：（1）拥有钟一村农业户口的原住民；（2）钟一村村内居住的本地城市户籍持有者，如钟一小学的教师、钟一村社区卫生服务站的医生等事业单位人员，以及部分国企下岗工人；（3）农村移民，主要为外来暂住流动人口；（4）祈福新邨社区居民。作为原住民，村民们同样也正在"排斥"其他群体：包括祈福新邨居民、农村移民以及拥有城市户口的本地下岗工人。

1. 对开发商和祈福新邨居民的排斥

在钟一村旁建立的祈福新邨社区，虽然为钟一村带来了很多经济利益，例如增加了就业机会，吸引了很多外来流动人口在此租住等，但当地村民对此并不感激，他们抱怨由于大量土地被征收用于祈福新邨楼盘开发，导致村庄发展受到了很大的限制。一位当地村民说：

"祈福新邨对钟一村影响很大，因为他们建设得很好，钟一村就建设得不好。祈福新邨的开发建设用了我们钟一村四千多亩土地……如果祈福新邨没有买走我们的土地，一直保留到现在，会有更好的价格和发展机会。现在我们村的发展远远落后于附近其他还拥有大部分土地的村"。（2012年12月3日，原住民，访谈No.09）

原住民同样排斥使用祈福新邨提供的部分私人服务。一位钟一中学退休教师在采访时表明，即使受到邀请，一些当地村民也不希望在祈福新邨的私立中学接受教育：

"一般都没有钟村的学生去祈福英语实验中学（私立高中）读书，曾经一段时间祈福新邨的中学和高中会动员村里的学生免费去读，并包吃包住。被邀请的当地学生通常都拒绝了，我记得只有一年有一个学生接受了邀请。村民们不习惯私人环境，更喜欢在传统的、著名的公立学校学习。"（2012年12月5日，原住民，访谈No.15）

同时，钟一村还通过户籍制度排斥相邻的封闭社区居民，村落里的福利体系排除外来群体的共享，如学校、停车场等设施。入读公立小学的权利是基于户籍设计的，因此，只有拥有钟一村本村户籍的居民才有资格入读钟一小学。随着祈福新邨社区规模的变大，其教育配套设施渐显不足。钟一村的教育设施被纳入祈福新邨的房地产销售宣传中。但是事实上，祈福新邨的居民并不能享受钟一村提供的教育设施。由于祈福新邨居民的户籍并不属于钟一村，因此，被排除在钟一村的公立学校之外。如果祈福新邨居民想要入读钟一村的公立小学，就需要像本村的外来流动人口一样缴纳借读费。

2. 对外来流动人口的排斥

作为钟一村居民的一部分，外来流动人口要么在村里的工厂工作，要么在村里居住。向农民工出租房屋是钟一村的主要收入来源，但是，村民仍然在以下几方面排斥外来流动人口。

首先，外来流动人口被认为是村里混乱的根源。莲塘公园和宗祠是钟一村两个主要的公共空间。莲塘公园以前是一个全天候开放的公园，但自从出现在公园里过夜、乱扔垃圾等现象后，村委会聘请了专人在白天看管这些地方，晚上则关闭公园和祠堂。

其次，外来流动人口在就业上同样受到一定的歧视和排斥。例如，钟一村成立的保安队，只招聘本村的原住民从事安保工作。就业歧视不仅存在于村内的原住民和外来流动人口之间，也存在于祈福新邨居民和外来流动人口之间。例如，祈福新邨的居民更喜欢雇用当地村民从事家政服务，主要原因是他们觉得当地村民有固定的住宿和来源，更值得信赖。

再者，虽然钟一村的外来流动人口比原住民多，且很多农村移民长期居住在此，但由于缺乏当地户籍而无法享受与原住民等同的社会福利与保障。外来流动人口的子女教育成为长期居留的主要问题。由于国家提供的义务教育只面向拥有当地户籍的公民，没有当地户籍的农村移民的子女入学就读需要支付额外的借读费。在高考上，外来流动人口需要在本省参加高考考试，不能跨省参加高考，且各省的高考内容和课程教学存在差异，因此，农民工的子女多在家乡入学就读。

由于在小学教学内容上各省之间的课程体系差异较小，部分外来务工人员的子女选择在此就读。但是在学校的班级建制上，外来务工人员的子女常常被安排到一个独立的班级。调查发现，钟一小学一年级班有两个，所有的原住民子女在一个班，而外来务工人员的子女则在另一个班，形成明显的班级隔离。此外，政府每年都为村级小学分配一定的招收外来务工人员子女就读的指标，并要求村级小学招收更多的外来务工人员的子女；但实际情况是，当地村民并不愿意多招收外来务工人员的子女入学（访谈No.62）。

3. 对脱离钟一村户籍的原住民的排斥

原住民同样对脱离钟一村户籍的原住民存在一定程度的排斥。一部分在钟一村出生和长大的村民，参加工作时将农业户口转为了非农业户口，如在国企工作。但是由于后来国企改制，部分工人在国企私有化过程中成为下岗工人。然而，从农业户口转为非农业户口容易，但是从非农业户口转为农业户口却很困难，需要经过村委会同意。由于转回来会占用很多额外的农村资源，因此，村委会一般不会同意他们转回来。一位拥有城市户口的原住民，曾在钟村纺织厂（一家镇街集体企业）工作，20 世纪 90 年代国企改革期间，钟村纺织厂进行了私有化改制，因此成为下岗工人。这位受访者抱怨村民不再接受他们：

“因为我们脱离了当地的农村户籍，村里的福利制度不再覆盖我们，他们甚至不允许我们把车停在村里的停车场。只有拥有农村户口的原住民才能在那里停车。村集体说我们不再属于钟一村了。"（2013 年 10 月 13 日，下岗职工，访谈 No.48）

因此，户籍制度就成了区分钟一村不同群体的难于逾越的制度性边界。

7.8 开发商与政府治理

7.8.1 开发商的做法

房地产开发公司在边界化进程中起着重要作用，这不仅包括封闭社区与邻村之间的边界化进程，也包括封闭社区与城市之间的边界化进程。祈福新邨是由祈福集团有限公司开发的项目，祈福的物业由其子公司祈福物业管理有限公司管理。开发商直接负责围墙边界的建设，而物业管理公司则负责社区边界的维护和延续。封闭社区的边界将原来完整的村庄分隔成两部分，同时也限制了社区服务设施的范围。在城市基础设施的建设上，郊区的封闭社区常常建设自己相对独立的基础设施。祈福新邨建设的污水管网等基础设施并没有考虑与钟一村原有管网的衔接和钟一村居民的需要。

"祈福新邨建成后，这里的房子全都硬质化了。以前那些全都是土地，即使是下一场大雨，也很难造成洪水的。现在就不同了，下一场小或是一场中雨，村里的马路就遭到积水。虽然马路旁边有一条小溪，但是怎么都比不上自然的吸纳。以前整个大地都吸纳雨水，很难流到村里的大路面上来，都由鱼塘吸收了。现在就不是，一下雨洪水就扑上来。所以即使是好小好小的雨，村外面的路口都进水。（经过政府治理）现在好点了，这两年好像都没有发生这种现象，前几年有一次，一场大雨，钟四（村）那边是小溪下游，有些人家地势比较低的，床板都被淹了。"（2012 年 12 月 5 日，原住民，访谈 No.15）

封闭社区的去边界化进程也可以理解为随着越来越多的人流跨越社区边界，封闭社区关闭自身边界的能力在降低。第一，开发商应对跨界流动的能力被削弱了。祈福新邨居民大量涌入邻村地区促进了钟一村的商业发展。钟一村的商业发展实际上是对祈福新邨配套的商业设施的一种冲击和竞争。随着封闭社区内部客源的流失，物业管理公司甚至通过设置居民前往邻村消费的障碍防止。一位受访者描述在钟福广场建成初期，很多祈福新邨居民开车到钟福商场购物。由于钟福广场的停车场数量有限，居民常常把车停在道路两侧。因此，物业管理公司专门安排了一些保安严格管控连接祈福新邨与钟福广场的道路，不允许居民在沿路两侧停车，增加了居民前往钟福广场消费的难度（访谈 No.61）。

第二，社区居民自己围蔽社区的能力也在下降。居民希望物业管理公司严格管理社区的边界。然而，祈福新邨的封闭式管理反而变得更为宽松了。在 2012 年和 2013 年的实地考察工作中，外来访客的进入要经过严格的检查，如必须要有居民 IC 卡，或者要有社区居民的许可才允许进入封闭社区。但在 2014 年的实地调查中发现，物业管理公司放松了社区的封闭式管理。一方面，物业管理公司不再雇佣年轻力壮的男保安负责门卫的检查和保安工作，而改为聘用上了一定年纪的女性安保人员。另一方面，访客进入社区的审查程序也在简化，访客只需要在门卫处登记访问信息即可进入，而无需再通过门卫打电话给业主确认。

放松的“封闭式物业管理”是物业公司应对物业管理成本增加的一种策略。社区的封闭式管理需要物业管理公司来运营，而物业公司不得不面对通货膨胀进行成本维护。为了保证封闭式物业管理服务的高质量，物业管理公司在通货膨胀的情况下，不断地提高物业管理服务费用。在 2014 年最近的一次调高物业管理费中，许多居民表达了对物业费用上涨的不满，并发起行动拒绝缴纳物业管理费用。居民大多有经济能力支付较高的管理费，但随着越来越多的价格敏感型住户入住祈福新邨，较高的管理费变得不受欢迎。因此，在物业管理费保持不变的情况下，物业管理公司采取雇用女性保安和简化社区进出管理程序等策略以节省成本。

宽松的封闭式物业管理是一种去边界化的进程，同时，也伴随着再边界化的进程。降低标准的物业管理质量引起了居民对物业管理公司的不满，因此，部分业主选择搬离祈福新邨。例如，当一名受访者意识到社区降低了物业管理质量时，她感到失望，并宣称她想换房到其他的封闭社区（访谈 No.21）。

7.8.2 地方政府治理

1. 对封闭社区的治理

地方政府对封闭社区的主要策略是一方面推动其融入城市中，例如要求开发商在商品房开发中建设更多的社区服务设施，承担更多的社会责任；但另一方面则鼓励封闭式的物业管理，以维护邻里的安全和社会稳定。

祈福新邨是一个大型社区，建有较为完善的中学、医院、超市、餐馆等社区设施和配套设施。很长一段时间以来，祈福新邨一直被比作一个独立的王国。它的运作大多与地方政府分离。正如一位社区居民所说，祈福新邨在早期是逃避计划生育政策的好地方。因为祈福新邨采取封闭式管理，并且建设有私人医院，居民可以比较方便地躲避地方政府的检查并且在医院中生产。当政府工作人员来检查时，他们常常被拒绝进入社区内部，或者被门卫带到其他的地方（访谈 No.45）。

随着社区居民数量的增加，社会事务管理的成本和需求急剧增加，祈福新邨公司在社区管理上逐渐选择与当地政府合作。2008 年，作为番禺区政府的一个分支机构，祈福新邨委员会在祈福新邨内设立。自此，祈福新邨封闭社区的行政管理空白被填补。为了解决祈福新邨小学教育配套不足的问题，祈福新邨开发公司决定与当地政府合作，在祈福集团持有的社区内的一块用地上建立一所公立小学。合作的方式是由祈福新邨提供私有土地，而地方政府提供财政和学校运营管理支持。

从安全的角度来看，政府是封闭社区生产中的利益相关者。维护社会稳定是政府最关心的政治问题，因为封闭管理是维护邻里安全的一种直接和有效的手段，同时又有利于社会的稳定（Miao，2003）。在 2016 年以前，中央政府提出创建“和谐社区”的目标，因此，对居住区推行封闭式管理是很长一段时间的主要政府治理手段。政府时而会去社区检查社区管理情况。正如一位受访者所言：

“物业管理就是时严时松。就是如果出了大案子的时候，就会严一点。或者上面（指政府）来检查的时候就严一点……一会松一会严。松的时候（在社区外乘坐楼巴）都不用看证件的，就直接上车了，严的话看证后还要刷卡“滴”一下。平时看着证就行了，都不用“滴”的，有时他会要你“滴”一下且要求每个人都掏证。”（2012 年 12 月 8 日，祈福新邨居民，访谈 No.18）

2. 社区治理的“分裂城市主义”

Graham 和 Marvin（2001）提出了“分裂城市主义”的概念。居住边界区现象实际上是城市分裂主义的一种空间反映。在行政管理体系上，地方政府对祈福新邨和钟一村独立管理，缺乏一定的融合思维。地方政府认为祈福新邨和钟一村是两个不同的发展实体，没有把两者进行融合发展的必要。

城市规划师和地方政府在社区边界的处理上有着相似的看法。他们将这两个相邻的居住地理解为两个独立的部分，而不是一个整体。一位当地城市规划师质疑整合祈福新邨和钟一村的必要性，认为它们代表着两个完全不同的发展单元，对为什么要整合祈福新邨和钟一村表示难以理解（访谈 No.56）。一位祈福新邨居民抱怨道：

“如果政府想要整合我们（祈福新邨与钟一村），他们就应该在钟屏路上搭建一座人行天桥。每天都有很多小区居民去钟一村，然而，即使是（穿越钟屏路）发生了好几次交通事故，他们也没有这样做。”（2012 年 12 月 4 日，祈福新邨居民，访谈 No.12）

2008 年实施的钟一村村庄规划，其理念反映了城市规划者的城市分裂主义。在规划中，大部分的商业设施都规划布置在村落的中部，沿道路呈十字发展轴，而不是布设在村落的外围。祈福新邨位于钟一村的东南侧，两者被钟屏道路分割（图 7-21）。祈福新邨的建设对钟一村的发展带动很大，靠近祈福新邨的村落区域基本上已经转变原有的建筑居住功能为商业功能。实际上钟一村菜市场和此后建设的钟福广场已经成为一个小型商业中心。但是，祈福新邨的位置并没有在钟一村的规划中展示，且靠近祈福新邨的村落南侧依然规划为居住功能。可见，当时规划师并没有充分考虑到祈福新邨的带动和影响，缺乏把两者作为一个整体来统筹规划的考量。

图 7-21 钟一村村庄整治总体规划（2008 年）

（来源：广州市规划局番禺分局，作者改绘）

7.9 总结

居住边界区的去边界化和再边界化进程可以从 3 个维度来概况：功能流维度、符号维度和社会网络维度（表 7-2）。

居住边界区的边界化动态进程　　表 7-2

不同维度的进程	功能流维度	符号维度	社会网络维度
去边界化	人（物、服务）流 交往地带的商业化	归属感	穿越边界的不同程度的社会联系，例如宗族关系、亲属关系等
再边界化	增强的边界障碍效应 消费目的地的异化	寻求安全感、秩序感和他者化	社交圈的异化 社会联系的消失

（来源：作者自绘）

在去边界化方面，每天跨越封闭社区边界前往邻村活动的人流代表边界的渗透性在不断地增强，是一种去边界化进程。封闭社区与邻村之间的居民流动特点以货币、商品和服务的功能性交换为主。封闭社区的居民经常前往邻村地区活动，特别是在边界缓冲区，随着他们与村落居民之间的接触和交流地不断增多，逐渐改变了他们对邻村地区的看法，并且使得他们将邻近村落的部分地域作为居民日常生活活动中的一部分范围，从而形成了一定的地域归属感。同时，封闭社区居民与邻村居民之间的经济联系产生了重要的社会意义。通过日常生活中频繁的买卖关系催生了一定程度的社会关系，如他们相互打招呼或进行简短的交谈等。虽然这些弱社会联系并不等同于友谊或亲密的社会联系，但却有助于增进两个不同经济水平群体之间的社会理解。特别是由于郊区化进程的加快，祈福新邨出现了本土化现象，从中产生了一些强社会联系，例如在祈福新邨购买住房的年轻一代村民与钟一村的原住民之间保持着密切的社会联系。因此，去边界化进程在一定程度上缓解了两个飞地之间的社会隔离。

然而，去边界化进程同样伴随着再边界化的进程。较高收入群体的封闭社区居民的日常消费需求在临近村落创造了新的、私有化的、限制性的空间。边界缓冲区物价的上涨，例如钟一村菜市场物价的上涨，导致部分低收入村落居民选择在其他地方消费。日常消费目的地和消费活动路径的分化创造了新的隧道般的边界隔离。封闭社区居民对邻村地域的归属感并不代表对邻村居民的完全接受。为了保持社区的同质性和对社区居住空间的独享，封闭社区居民排斥周边居民随意进入自己生活居住的社区，并带有成见地认为周边村落的居民是社区犯罪或扰乱社区秩序的来源。在社会网络上，虽然他们比邻而居，但是相对高收入的封闭社区居民和相对低收入的村落居民实际上生活在两个不同的社会圈子里。总体上，封闭社区居民只是在经济上需要邻村的居民，但是在社会维度上潜在地排斥着他们。

因此，居住边界区是一个介于排他与融合之间的转型区。理解封闭社区与周边村落之间的关系，应避免用简单的“是否导致隔离”的二元标准去评判。封闭社区的“围墙”具有多重内涵，边界并不是一成不变的，而是动态的，因此，应该用动态的眼光去看待城市内部空间边界。

8　城市规划师对封闭社区生产的作用与应对[①]

《中华人民共和国国民经济和社会发展第十三个五年规划纲要》提出“创新、协调、绿色、开放、共享”五大发展理念。2016年颁布的《中共中央国务院关于进一步加强城市规划建设管理工作的若干意见》提出“新建住宅要推广街区制,原则上不再建设封闭住宅小区”（简称为“禁封令”）。随着“开放、共享”发展理念的落实和街区制的推行，封闭社区与周边环境的相互融合和包容发展已是现代城市建设和治理的必然方向。中国大城市郊区主要以封闭社区、城中村等为主要的居住形态，其城市空间结构存在着显著的拼贴式破碎化的特征。封闭社区是居住边界区的重要组成部分。城市规划师作为封闭社区生产的重要一环，有必要探讨规划师在封闭社区生产中的作用和应对策略。本章从中国规划体系变革和规划师的能动性两方面探讨规划师在封闭社区生产中的角色和作用。

8.1　中国城市规划体系变革

8.1.1　城市规划体系变革

中国的城市规划在很大程度上是各级政府促进城市增长、指导和规范城市发展与建设的政策工具（Wang，2011）。在计划经济向市场经济的转型过渡中，城市规划体系以及规划的作用和内容都发生了巨大的变化。在改革开放之前，城市规划仅服务于国家经济规划的空间选址或布点规划（Tang，2000）。城市规划人员对开发项目的空间位置提出了选址建议，但没有法定效用和地位，如果城市规划的选址或内容与更高层次的政治目标

① 注：本章节主体内容已发表，详见 LIAO K，WEHRHAHN R，BREITUNG W 2019. Urban planners and the production of gated communities in China：A structure–agency approach[J]. Urban Studies，56（13）：2635-2653.

和事项不一致，城市规划很容易被修改或忽略。直到 1989 年《中华人民共和国城市规划法》颁布，城市规划才开始具有法定地位，城市规划法构建了总体规划和详细规划两个层次的规划体系。城市总体规划旨在确定城市的定位、规模和发展方向，制定城市的经济和社会发展目标，合理布局城市土地利用、道路系统和基础设施，协调城市空间布局等较为宏观的事项。详细规划包括控制性详细规划和修建性详细规划。控制性详细规划的任务是确定建设地区的土地使用性质和使用强度等控制性指标、道路和工程管线控制性位置以及空间环境控制的规划要求。修建性详细规划的任务是制订用以指导各项建筑和工程设施的设计和施工的规划设计。城市规划在历史上的很长一段时间内只是为经济发展服务，随着城市发展问题的出现，如城市摊大饼式发展，城市规划转而更加重视其对城市发展的控制和规范功能（Yeh and Wu，1999）。

在 21 世纪初期，城市规划体系得到了进一步的发展，城市规划更具战略性、弹性和专业化。变化之一首先是广州的概念规划的引入。在瞬息万变的环境中，总体规划的编制和批复过程耗时太长（Wu and Zhang，2007）。往往从开始编制到批复需要 3 年以上的时间。由于城市的快速发展，当编制好的规划获得最终批复时，原来的城市条件和状况早已发生了变化，因此，常出现刚批复通过的总体规划不再适于城市发展的情况。总体战略概念规划的提出弥补了这一问题的不足。总体战略概念规划不是法定规划，无需层层审批，因此，编制的流程快、时效性强。总体战略概念规划的编制主要是提高城市的竞争力，确定城市发展战略和原则等（Wu，2007）。此外，在城市规划体系中还增加了规划竞赛和城市规划委员会等的设置，以增加城市规划体系的专业投入。

2008 年《中华人民共和国城乡规划法》的实施，把广大的农村地区纳入城市规划编制和管理的范畴，进一步扩大了城市规划的职能范围。针对多部门、多规划之间的指标、用地类型和规划内容不一致，甚至相互冲突等问题，中央政府推动了国土空间规划体系改革。通过合并和调整部门职能，成立自然资源部，推进主体功能区规划、土地利用规划和城乡规划的“多规合一”。2019 年出台的《中共中央、国务院关于建立国土空间规划体系并监督实施的若干意见》，建立了“五级三类四体系”的国土空间规划体系。其中，“五级”为全国、省、市、县、镇五个级别，“三类”由总体规划、详细规划和专项规划组成，“四体系”包括规划编制审批体系、实施监督体系、法规政策体系和技术标准体系。国土空间规划体系建立后，意味着传统的城乡规划体系自此退出历史舞台。新的“国土空间规划体系”从传统的以规划编制为工作重心，转向以规划审批为核心，加强了自上而下的规划管控能力。

8.1.2 规划师的角色

随着城市规划法定地位的提高和对专家意见的开放，城市规划师的培养已经职业化。规划师的角色逐渐从完全的政府公务员身份转变为专业技术人员或专家身份。这逐渐增强了规划师作为行为者的角色和作用，尽管他们中的大多数人缺乏规划实施的执行权力。同时，城市规划师的人数和规划机构也不断增加。截至 2011 年，共有 100000 名规划师在中国城市规划和设计行业工作，其中 12000 人获得了城市规划师职业资格证书（中国城市科学研究会，2013）。中国城市规划机构的数量超过 2000 家（Tang，2004）。

规划师有 3 种类型：政府规划师、公共规划师和私人规划师。政府规划师是指在政府规划部门从事政策制定、规划批复、规划实施和审查等事务的政府公职人员；他们可以将规划编制或审查等事务外包给公共规划师。公共规划师是指在规划公司或事业单位任职的从事法定规划编制的人员，如在规划院、大学或者规划公司等；其任务是保障公共利益，处理和协调各方群体的利益。私人规划师一般指的是在私营部门任职的规划师，如房地产开发公司、投资公司等；其工作任务是为雇主谋取利益的最大化，是某一利益团体的代言人。公共规划师是目前最大的规划师群体，也是本研究的主要对象。事实上，政府部门规划师与公共规划师之间常常没有明确的界线，一些公共规划师同时也受雇于政府部门。虽然一些规划机构已经私有化，但大多数规划机构仍然是国有公司。规划机构作为事业单位，部分收入来自政府财政，但大部分收入来自市场经营。

根据对中国规划机构的观察，城市规划师的角色可以归纳为谈判者、技术分析师和倡导者的三重身份角色（Perlstein and Ortolano，2015）。规划师除了从事规划编制外，还可以作为专家加入各级政府部门的规划委员会或规划竞赛的评审团，发挥更大的作用和力量。然而，他们的实际影响力常受到行政自由裁量权和政府干预的制约（Yeh and Wu，1999）。例如，规划陪审团和规划委员会的成员组成由地方政府决定。普遍的情况是那些偏离政府意志的专家成员可能难以获得连任（Wu，2015）。此外，规划委员会的成员有近一半是政府官员，主席则常常是该级政府的党政领导人。在这种情况下，只有著名的规划专家或有一定头衔的规划专家才更有与政府协商或谈判的话语权。其他规划师几乎没有直接的话语权，尽管他们作为专家仍然受到尊重。

近年来，在各城市实施的社区规划师制度逐渐增加了规划师在社区规划的话语权。国内社区规划师的理念最早于2008年在深圳提出，次年进行了试点实施，但是社区规划师制度直到2018年才开始在全国普及。社区规划师一般是由政府选聘的独立的第三方人员，为一定社区范围内的规划、建设、管理提供专业指导和技术服务，社区规划师可以参与项目立项、规划、设计、实施的方案审查，并独立出具书面意见（北京市规划和自然资源委员会，2019）。与过去以项目负责、专家咨询或评审为主要的参与方式相比，社区规划师的角色变得更加多元，其角色演化为规划方案的制定者，设计方案的把关者，规划设计方案实施的指导者，规划问题的研究者或社区群体利益矛盾的协调者。除了常规意义上作为技术指导的专家，社区规划师同时协助基层管理者更好地处理和统筹规划问题和利益冲突，同时协助居民群众更好地理解城市规划建设和管理工作，加强有效地沟通和反馈（于长艺，尹洪杰，2019）。可见，在社区规划中，规划师的角色和作用得到了加强；其可以通过与政府内部和外部利益相关者的互动，在一定程度上表达各自的意见从而影响规划的结果。

8.1.3 居住区规划与社区生活圈规划

与封闭社区建设相关的是居住区规划。在大多数东亚国家，邻里尺度是公共服务供给的基本单元，也是城市管理至关重要的基本单元。国家治理和权力主要通过邻里单元行使。中国的城市治理一直向下延伸到邻里层面，但社区治理已经高度分化（Breitung，2014）。虽然在老旧住宅区的治理中居民委员会或工作单位仍然发挥着关键作用，但在新建的商品房社区治理中主要是开发商或物业管理公司管理和居委会共同治理（Read，2008，Abramson，2011）。

在规划的编制和管理上，总体规划和控制性详细规划作为法定规划，主要由政府负责编制；但是居住区规划常常由开发商编制，再提交给当地政府审批。城乡规划的审批采取“一书三证”的形式进行，包括建设项目选址意见书、建设用地规划许可证、建设工程规划许可证。乡村则主要通过乡村建设规划许可证进行规划管理。建设用地规划许可证的颁发主要是城市规划行政主管部门根据用地项目的性质、规模等，按照上位城市规划的要求，初步选定用地项目的具体位置和界限，并规定规划设计条件，如地块容积率、建筑密度、绿地率等强制性条件。商品房开发项目的规划设计条件通常还包括社区的公共服务设施配套要求。

在某些情况下，居住区规划文本中会规定楼盘开发的围墙和大门的材质和高度。例如，广州番禺区祈福新邨和雅居乐花园的居住区规划文本中分别规定：

“（为了）营造高质量的居住生活环境，并且为了适应市场需要，本居住区采用全封闭式管理，居住区周边采用通透围墙围合。”（广州番禺祈福新邨控制性详细规划（修改），2002：15-16）

“规划区内应设不超过2m高的通透式围墙。因安全防护需要而设实体围墙的，必须经规划主管部门批准。围墙必须设置在规划建筑红线范围内。”（雅居乐花园（北区）控制性详细规划，2004）

然而，在大多数情况下，政府规划部门的用地行政审批中并没有把社区建设围墙与否的考量纳入到规划设计条件中，因此，在居住区规划方案编制中留给了规划师更多自由选择的空间。社区规划由于涉及居民的切身利益，多元社会主体利益的协调成为规划的重点内容，其实践探索的目标也逐渐从空间转向社会（杨贵庆 等，2018）。

2018 年中华人民共和国住房和城乡建设部发布实施了《城市居住区规划设计标准》GB 50180—2018。新版的居住区规划标准提出了 5 分钟、10 分钟和 15 分钟社区生活圈居住区和居住街坊的概念。新标准用更为开放的社区生活圈的概念取代了封闭式居住区、小区和组团的规划概念。近年来，社区生活圈规划先后在北京、上海、济南、长沙、郑州等城市开展和实施，并逐步向各大中小城市铺开。社区生活圈是配套服务的共享单元，也是邻里感知的社区领域，其提出是城市规划工作适应时代发展的重要举措，也标志着新时代城市规划理念和方法的重要转型（于一凡，2019）。

在过去的几十年，封闭社区已成为商品房开发的主导形式，我国建设的第一个封闭社区是广州的东湖新村（1979 年）。该社区是由中国香港资本投资且中国香港规划师设计，其对 20 世纪 80 年代的居住区规划和设计产生了重大影响，拉开了中国建设封闭社区的序幕。在 1990 年左右，广州附近的许多大型封闭社区都是由中国香港投资者和地方政府合营建设的，大多缺乏公共规划。封闭社区的居住形式最初多为海外投资者设计，但很快在全国范围内成为一种主流现象（Wang and Lau，2008，Wu and Webber，2004），随着我国中等收入人群规模的壮大，封闭社区的市场群体已经从港澳台地区人士和外国人转向高收入的大陆居民。

自 2016 年中央提出“禁封令”以来，虽然并不受大部分的业主、开发商和专家的欢迎（郭磊贤，吴唯佳，2016，王贵春 等，2016），但是其作为顶层设计自上而下的中央政令，关于实现这一目标的各种方法和策略也在不断讨论中（杨保军，顾宗培，2017，郭磊贤，吴唯佳，2016）。同时，这一政策也逐渐向各级地方政府传导。新的规划条令要求在各省市的城市规划或行动计划中得到贯彻和体现，如《北京城市总体规划（2016—2035 年）》《上海 15 分钟社区生活圈规划导则（试行）》《长沙社区全面提质提档三年行动计划（2016—2018 年）》、广东省国土资源厅《关于进一步规范土地出让管理工作的通知》（明确不得建设封闭小区）、以及在四川、扬州等城市开展的开放封闭社区的试点工作等。面对公众的反对，任何大规模的规划实施都将在很大程度上依赖城市和邻里层面的城市规划师的工作和协调。因此，规划师对封闭社区的态度和能动性就显得尤其重要。

8.2　规划师问卷基本特征

在原有的城市规划体系的基础上，项目组于 2012 年对城市规划师进行了关于封闭社区的问卷调查。目标是阐释中国城市规划师对封闭式社区的态度，以及他们如何影响相关的规划决策。

问卷调查于 2012 年 10 月 17 日—19 日在昆明举办的中国城市规划年会行程中进行。2012 年规划年会吸引了来自全国各地的约 4200 名城市规划师参加。调查问卷于每天会议开始前发放在会议座位上，并于会议结束后收集。共发放问卷 1000 份，回收 871 份，有效问卷 575 份。在有效问卷中，490 份来自公共规划师，71 份来自政府规划师，14 份来自私人规划师。把公共规划师和政府规划师的 561 份问卷放在一起进行 T-test 分析，发现两者在态度和关键问题的选择上没有显著的差异。再把政府规划师与公共规划师作为一类群体进行分析。之所以将私人规划师的问卷剔除在外，一方面是私人规划师的样本量太小，无法进行比较（这也不是本研究的目的）；另一方面私人规划师群体在公共决策中的作用有限。

在样本特征中，561 名受访者分别来自我国各地，具有很好的地域覆盖度。为了进行分析，我们将样本按工作所在地分为东部、中部和西部三个大地区，按城市等级分为省会（含经济特区城市）和非省会城市（表 8-1）。其中 76% 的规划师来自省会城市，53.9% 的规划师来自东部沿海地区。调查结果显示，75% 的受访者（规划师）居住在封闭社区中。此次问卷调查采用了随机抽样的方法，但是在与 2017 年中国注册城市规划师数据库的数据进行对比时发现，问卷样本数据基本反映了规划师的总体样本特征与情况，样本数据在性别、年龄、公共和政府规划师比例以及沿海5个省的规划师占比等多个方面与总体样本比例基本一致，本次调查样本只是在女性比例上稍高一点，在沿海地区的规划师所占比例上略低。

在问卷调查的问题设置上主要是以Grant（2005）的文献为理论基础，问卷中调查了规划师对封闭社区的态度、封闭式社区利弊、地方对封闭社区的政策和态度，以及为减轻负面影响所采取的策略。

受访者的社会经济特征 **表8-1**

指标变量	频数（N）	百分比（%）
性别	561	100
男	348	62.0
女	213	38.0
年龄（岁）	561	100
<30	64	11.4
30～44	453	80.7
45～59	42	7.5
>59	2	0.4
（曾经或）现居住在封闭社区	561	100
否	142	25.3
是	419	74.7
居住区规划经验	561	100
无	141	25.1
有	420	74.9
职业身份	561	100
政府规划师	71	12.7
公共规划师	490	87.3
城市等级	532*	100
省会或经济特区	407	76.5
其他城市	125	23.5
区域	532*	100
东部沿海地区	287	53.9
中部地区	100	18.8
西部地区	145	27.3

注：城市及区域的划分根据受访者的工作所在地划分；
* 部分数据缺失。（来源：2012年10月问卷调查）

8.3 规划师对封闭社区的看法

8.3.1 规划师对封闭社区的态度

几乎所有的受访者都表示，他们工作的城市都有封闭社区，仅有 3.9% 的规划师认为封闭社区在他们工作的城市不流行（图 8-1）。他们发现封闭式社区的规划符合市场的偏好，总体上可以营造高品质的居住生活环境。73.6% 的规划师表示封闭社区已经成为居住区规划的主要形式（图 8-2）。调查详细地揭示了受访者对市场偏好的理解，以及他们对封闭式社区的正面和负面的看法。

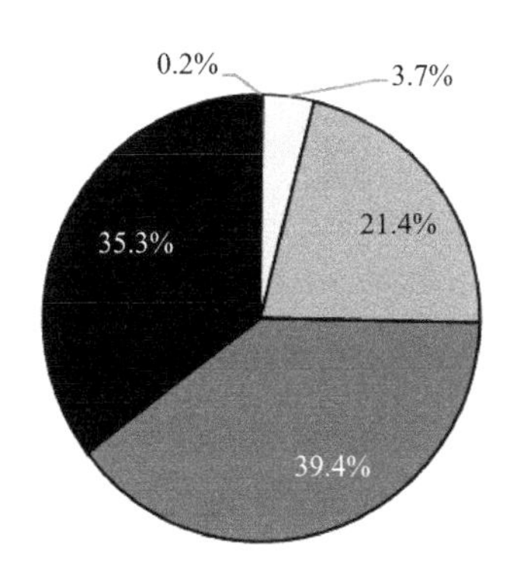

图 8-1 封闭社区在我所工作的城市很普遍

（来源：作者自绘）

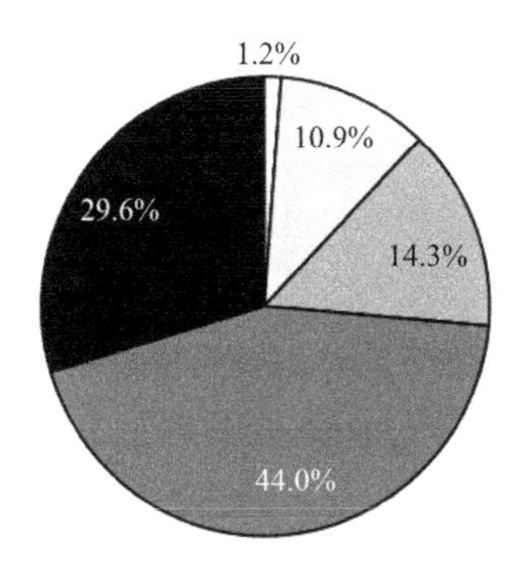

图 8-2 封闭社区是当前居住区规划主要采用的形式

（来源：作者自绘）

在受访者看来，市场选择封闭社区的原因是寻找安全、隐私和环境舒适宜人的生活环境（图 8-3），在一定程度上也是为了邻里设施、地位和声望。

生活方式和投资方面的考虑被认为不那么重要。早些时候对中国封闭社区居民的研究发现，安全感、归属感、声望地位和私人的“美好生活”愿景是居民追求封闭式生活的主要原因（Breitung，2012），规划者的看法总体上与实际市场预期一致。

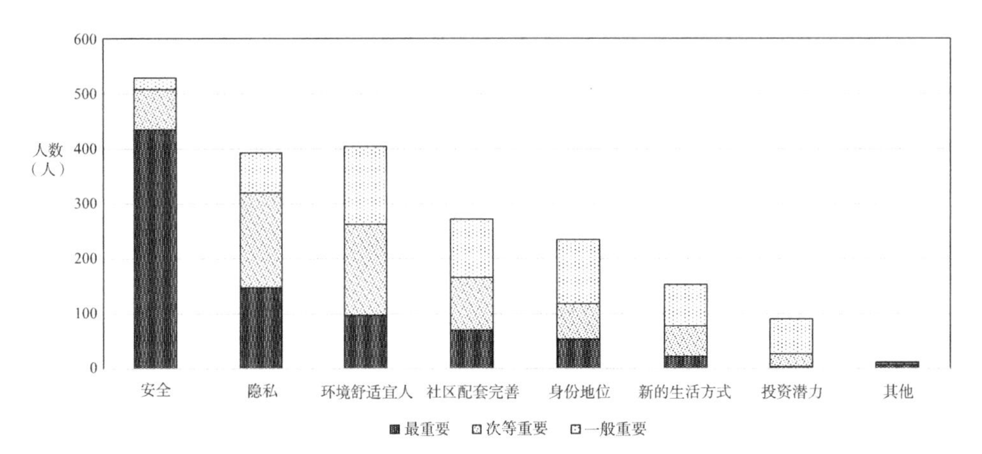

图 8-3　规划师认为市场追求封闭社区的原因

（来源：作者自绘）

从接受调查的规划者中发现，虽然公众普遍支持封闭社区，但在这个问题上也存在一定的分歧。其中，43% 的人支持门禁的做法，37% 的人明确表示反对，20% 的规划师保持中立态度（图 8-4）。

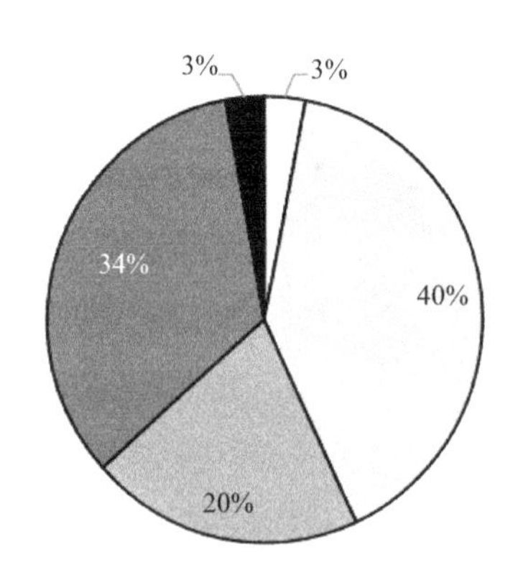

图 8-4　规划师对封闭社区的态度

（来源：作者自绘）

8.3.2　封闭社区的利弊

当规划师被要求要更详细地评估封闭社区的影响时，受访者选择了积极和消极两种影响，但前者为大多数。规划师尤其相信封闭社区可以防止犯罪、保护隐私和创造舒适的环境，然而，只有一半的人认识到门禁会导致社会隔离，稍微多一点认识到它会破坏道路网络的连续性，58% 的人认识到它伴随着公共空间的私有化（图 8-5）。

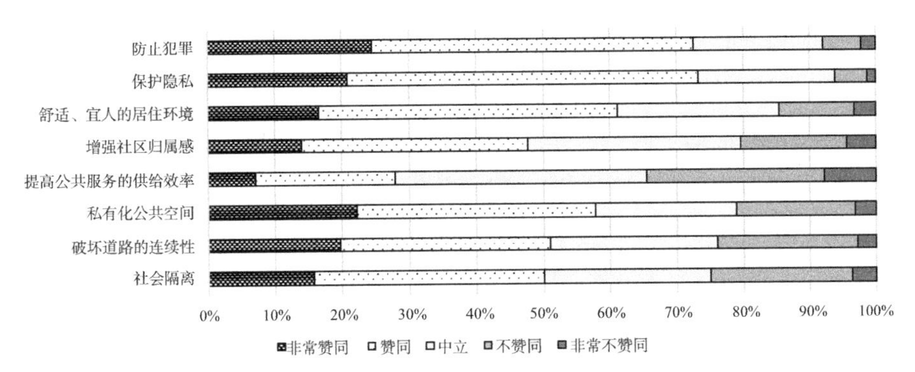

图 8-5 规划师对封闭社区的正负效应评价

（来源：作者自绘）

对于居民和规划师来说，封闭社区有利于增强居民的安全感（赞同率为 72.5%）。虽然封闭社区也会发生盗窃，甚至谋杀的案件，封闭社区并不完全安全，但是由于封闭社区安装了门禁系统、配备了保安和 24h 监控等防范措施，在一定程度上降低了社区犯罪发生的概率。一位接受访谈的规划师说："在当今城市安全程度下降的情况下，我们必须考虑居住环境的安全，而门禁是我们可以使用的最好的城市规划工具"（杭州规划师，2012 年 12 月 13 日）。这些措施让社区居民在心理上产生了一种安全感。正是由于封闭社区有利于防范犯罪，对维护社会稳定起到一定作用。因此，很多地方政府把社区封闭管理作为应对犯罪，创建"文明和谐社区"的重要措施，不仅鼓励城市商品房社区围闭管理，同时也鼓励城中村等无围墙社区实施围闭管理。出台类似措施的地方政府有南方的佛山顺德区、北方的北京大兴区等。

隐私（73.3%）和舒适宜人的环境（61.1%）也常被受访者提到。封闭社区通过围墙等措施与周边环境相隔离，为居民提供了一定的隐私空间，并通过围闭管理拒绝了部分不必要的访问，如上门推销人员、无家可归人员和闲杂人员等。封闭社区常围闭较大的地块，社区内部环境优美、设施完善，与城区的喧嚣相隔绝，营造了安静舒适的环境。此外，封闭社区按照现代标准的规划设计要求建设，社区品质相对高，给居民营造了一种高品质生活的意象。这些措施有利于增强社区的归属感。现有研究表明封闭社区相比其他形式的居住区更有利于增强社区的归属感。本次调查中发现，47.8% 的规划师赞同封闭社区有利于增强社区归属感，仅 20.5% 的受调查者不赞同。

在封闭社区的负面效应方面，封闭社区一定程度上减轻了城市大尺度的社会空间分异。正是由于围墙的存在，使得高收入人群和低收入人群毗邻居住成为可能。如在城市郊区中，围墙构建了“里面”与“外面”的空间秩序，使得封闭社区与城中村或村落相毗邻成为常见的现象。封闭社区的到来极大地带动了周边村落的发展，如封闭社区居民到周边村落购物消费，聘用周边村落居民为保安、保姆等。但从规划师的角度看来，57.8% 的受访者认为封闭社区导致了公共空间的私有化。一位来自广州的规划师表示：城市空间是私有化的，通常被封闭社区的围墙分割。城市开放空间的减少使人们体验到空间压迫感。尤其是当我们在有许多高层建筑的封闭社区中漫步，然后回到传统的老街坊时，我们会强烈地感受到这种压迫和不连续感（访谈，2012 年 11 月 22 日），这与学术文献中的论点一致。例如，Miao（2003）批评封闭社区导致社区围墙周围的街道和人行道被遗弃，Pow（2007a）认为这与现代都市主义推崇城市空间结构的开放和透明、街道的至高无上和自由流动的基本原则相矛盾。

从封闭社区居民的角度来看，封闭社区有利于提高社区公共服务设施的供给效率。在住房货币化改革过程中，政府不断推出社区公共服务供给，改由市场配置；即由房地产商建设，物业管理公司运营，业主购买。一方面减轻了地方政府财政负担，另一方面增强了社区公共服务设施的供给效率。社区公共服务设施在封闭社区的形式下成为“俱乐部物品”，换言之，属于业主共同拥有的“准公共物品”。小区公共服务设施通过围墙的排他性，有效地拒绝了公众的“搭便车”行为，提高了业主对社区公共设施的使用效率。然而，规划师的意见与居民不同。居民们期望私人社区邻里设施能改善公共服务的供应；但一些规划师并不同意，仅有 28% 的规划师认为封闭社区可以提高社区公共服务设施的供给效率。他们关注的是社区的封闭管理导致社区公共设施供应分散，无法实现规模效应，从而增加城市层面的公共服务供给总成本的问题。另一位受访的广州规划师解释说：“封闭社区不仅排斥外来者，还将社区居民与城市隔离。封闭社区居民看似可以独享邻里公共服务设施，但实际上由于围墙的阻隔，减少了他们享受周围地区公共设施的机会。有时封闭社区周边的公共服务设施和商业设施比社区内的设施更齐全、更好，封闭的社区邻里设施难以在城市层面产生规模效应”（采访，2012 年 12 月 21 日）。

封闭社区受到学术界最大的争议与批判是容易产生社会隔离。在西方社会背景下，围墙使高收入群体和低收入群体隔离，两个群体各自生活在自己的圈子里,减少了彼此相互接触和交流的机会,导致“里面的人”对“外面的人”产生陌生感和不信任，这种陌生感和不信任进一步加强了居民对围墙的需求。围墙同时遮掩了城市中的贫困、乞讨流浪等问题，降低了人们对社会问题的感知度。在长长的围墙旁侧街道，由于鲜有人们光顾和缺少群众的视力监视，往往成为城市的死角或荒漠，在夜晚成为城市犯罪的易发地。然而，仅有 50% 的规划师认为封闭社区会导致社会隔离，我国规划师对封闭社区的包容度比西方规划师高。

此外，封闭社区破坏道路网络，增加交通拥堵的概率。正如中央“禁封令”所述，由于封闭社区阻断社区道路，往往造成城市交通道路的拥堵。道路缺乏支路的分流，从而增加了城市主干道的交通负担与堵塞。虽然大部分小规模的封闭社区并不直接产生类似的负面效应，但规模较大的封闭社区在这方面的负面效应尤其显著。其次，对建于滨江或湖畔的封闭社区，常常阻断人们进入滨水空间的道路，导致滨江景观的破碎，减少了人们对公共空间的可达性和可进入性。

要了解封闭社区在中国的流行程度以及中央政府反对封闭社区的“禁封令”，我们需要从制度背景去理解，包括结构、行为等。封闭社区的做法得到了开发商、地方政府和中等收入消费者各方地推动，他们似乎都受益于当前的制度设置。但可以说，这是以社会隔离加剧、公共空间丧失、公共服务提供不均、农地剥夺和交通网络阻断为代价的，这些都是中央政府拒绝将封闭社区纳入到更广泛的新型城镇化战略中的主要考虑因素。实际上，现在地方政府和更高级别的政府之间的目标存在分歧，这为地方的谈判创造了空间。这样的现象在转型中的中国制度设置中是典型的（He and Wu，2009b，Lin and Ho，2005），国家不是一个统一的行为者，而是“一个复杂的、冲突的和内部异构的制度整体，权力关系在这个整体上不断地向上、向下和横向调节”（Lin and Ho，2005）。

8.3.3 影响规划师对封闭社区态度的因素

调查发现规划师对封闭社区的态度存在分歧，但总体上是积极的。研究进一步对可能导致这些态度差异的因素进行分析。总体假设认为规划师的居住区规划经验、居住经历可能非常重要，不同城市的规划师态度可能存在显著差异，以及规划师可能与地方政府的态度相一致。

研究选择了 7 个变量来验证或证实上述假设。除了性别和年龄外，还包括受访者的居住经历、居住区规划经验、工作所在城市的等级、区域，以及地方政府的态度等。研究运用独立样本 T 检验和单因素 ANOVA 分析相结合的方法（表 8-2）。

检验发现，在这 7 大因素中只有 2 个因素对规划师的态度有显著的影响：规划师的居住经历和地方政府态度。城市的区域和等级也有一些有限的影响，但其他因素似乎无显著影响。

居住在封闭式社区的规划师认为门禁在预防犯罪、增强社区归属感和创造舒适的居住环境方面具有积极的影响，而少有赞同封闭社区会导致社会隔离和公共空间私有化等负面影响。在有封闭社区居住经验的城市规划师中，对门禁的总体支持率为 50%，而没有居住经验的城市规划师支持率仅为 24%。居住在封闭社区的规划师更偏向相信门禁的积极影响，而不太认同门禁的负面影响，这可能意味着那些对封闭社区有积极想法的规划师更倾向于居住在封闭社区，或者相反，生活在封闭社区的规划师形成了对封闭社区的积极态度。无论如何，这一发现重要的是，个人居住经历和职业价值观之间存在着非常重要的联系。鉴于我国的城市规划师是城市中等收入人群，他们对封闭社区的职业价值观可能会受到身份和相关经历的影响。

第二个更重要的因素是地方政府的态度。只有 16% 的受访规划师表示他们工作所在的城市政府不支持门禁，42% 的规划师表示他们工作所在的地方政府支持门禁（表 8-3）。前者比后者更有可能认识到门禁的负面影响，并质疑封闭社区的正面影响。分析结果表明，地方政府对封闭社区持积极态度的城市的规划师，比地方政府不鼓励封闭社区的城市的规划师更有可能接受封闭社区。这一结论可能意味着，政府会受到规划者专业判断的影响，但也有可能是相反的因果关系，即规划师的态度取决于地方政府的政策和态度，而规划者将自己的观点保留，避免自己和地方政府观点的不一致。

以上两个因素是仅与受访者的总体态度有显著相关的因素，但城市类型对个别变量也有一定的影响。例如，来自二三线城市的规划师比来自省会城市和经济特区的规划师更相信封闭社区可以预防犯罪；来自沿海省份的受访者比来自欠发达的内陆地区的受访者更可能认为封闭社区会增强社区归属感或阻断道路系统的连续性，这可能是因为内陆城市的封闭式商品房社区的品质和规模都低于沿海城市。

城市规划师的态度与不同变量之间的关系　表 8-2

	性别		年龄		城市等级		城市区域		封闭社区居住经历		居住区规划经验		地方政府态度	
	t	Sig.	F	Sig.	t	Sig.	F	Sig.	t	Sig.	t	Sig.	F	Sig.
防止犯罪	0.497	0.619	0.402	0.752	−2.933**	0.004	1.937	0.145	−2.485*	0.013	1.719	0.087	0.991	0.372
保护隐私	−1.557	0.120	1.575	0.194	−0.434	0.665	0.447	0.640	−0.348	0.728	0.355	0.723	1.784	0.169
增强社区归属感	−0.282	0.778	0.125	0.946	−1.572	0.117	3.081*	0.047	−3.872**	0.000	−0.690	0.491	5.811**	0.003
创造舒适宜人的居住环境	0.017	0.986	0.981	0.401	−0.591	0.554	0.643	0.526	−3.109**	0.002	1.832	0.067	4.046*	0.018
提高公共服务的供给效率	−1.345	0.179	1.054	0.368	−0.907	0.365	1.170	0.311	0.129	0.897	0.123	0.902	5.979**	0.003
破坏道路的连续性	0.217	0.828	1.134	0.335	1.192	0.235	3.238*	0.040	1.441	0.150	−0.795	0.427	7.323**	0.001
社会隔离	0.980	0.327	0.142	0.935	0.880	0.379	1.093	0.336	2.32*	0.021	−1.291	0.197	9.600**	0.000
私有化公共空间	0.659	0.510	0.505	0.679	−1.362	0.174	1.662	0.191	2.095*	0.037	−0.995	0.320	4.251*	0.015
规划师总体态度	0.757	0.450	0.357	0.784	0.455	0.649	0.514	0.598	−5.129**	0.000	−0.538	0.591	22.438**	0.000
合计（N）	561		561		532		532		561		561		386	

* 在 0.05 水平上显著（双尾）。

** 在 0.01 水平上显著（双尾）。

（来源：作者自绘）

8.4 规划师与地方政府、开发商的角力

为了揭示规划人员如何影响规划决策，我们需将其视为一类具有能动性的行为者，他们的行为受到结构和相关行为者的双重影响，尤其是不同层级的政府和开发商。

居住区规划目前主要由开发商作为甲方出资编制。支持封闭管理的主要举措通常来自开发商。在当前制度下，开发商是居民区生产中最具影响力的行为者。他们具有资本实力，在楼盘开发中通常可以确定是否需要建围墙和门禁系统。调查发现只有 5% 的规划师表示在他们最近完成的一个居住区规划设计项目中，开发商提出了非封闭式社区的方案要求。在大多数情况下（51%）门禁是规划师和开发商的共同选择（图 8-6）。在某些情况下城市规划师反对社区建设门禁，并尝试与开发商协商考虑其他方案，但结果往往并不如愿。即使将居住区规划设计为开放社区，但是在规划设计图纸中一般不反映是否设置围墙，因此，开发商仍可以在正式竣工后建造围墙和门禁系统。

当开发商和地方政府组成非正式联盟时，规划师的作用尤其薄弱。在住房商品化的早期，《中华人民共和国城市规划法》未出台之前，居住区规划的功能是促进房地产开发，而不是对其进行监管。即使居住区规划已经获批，但是开发商仍然可以对规划方案提出更改。例如前文探讨的祈福新邨社区，其控制性规划在政府批准后，开发商要求当地政府对规划变更的次数多达 40 次（田莉 等，2007）。这种情况在城市规划的法定地位建立之后，规划变更不再频繁，但是地方政府的财政收入仍然很大一部分依赖土地出让和房地产开发的税收收入，因此，也会适当容纳私人开发商的利益。

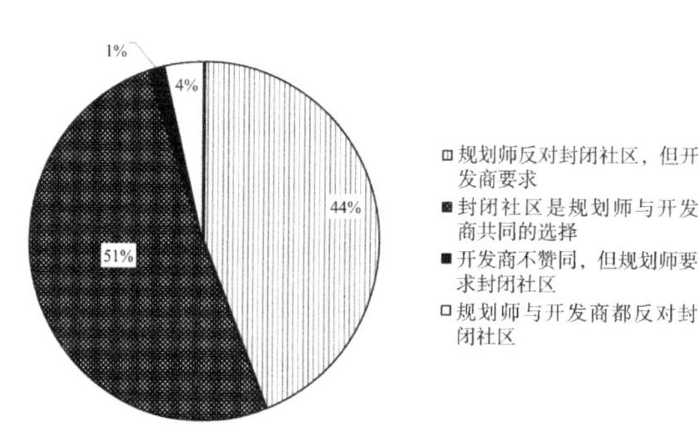

图 8-6　规划方案中对封闭社区的决策意见

（来源：作者自绘）

在调查中大多数受访的规划师表示，他们工作所在地的地方政府对门禁持积极或至少中立的态度。只有极少数受访者反映地方政府对门禁持有鼓励态度，而反对对封闭社区进行管控的地方政府更少。实际上，有 92% 的规划师表示他们工作所在的地方政府既没有鼓励也没有反对封闭社区的政策（表 8-3）。这为城市规划师提供了一定的规划操作空间。

地方政府对封闭社区的态度 **表 8-3**

地方政府的态度	频数	占比（%）
提倡门禁，并出台鼓励性政策	18	4.7
提倡门禁，但未出台鼓励性政策	143	37.0
中立或暂时没有响应	163	42.2
不提倡，但没有出台调控政策	50	13.0
不提倡门禁，并出台调控政策	12	3.1
合计	386	100.0

（来源：作者自绘）

在不同利益相关者的角力中，规划师负责编制居住区规划方案，常常需要协调不同的利益关系。但是对于社区封闭与否，并不是一个重要的协商议题。在规划过程中，对于封闭与否的观点冲突很少，规划师、开发商与地方政府很容易形成一致的意见，形成合作联盟。

8.5 规划师对封闭社区的应对策略

规划师作为专业技术人员很难违背客户的要求或者地方政府的政策建议。规划师作为居住区规划的编制人员，调查发现他们大多数人会采取规划设计策略来减轻封闭社区的负面效应。表 8-4 反映了规划师在推动居住区融合方面采取的措施与策略。

促进封闭社区与周边空间的整合规划设计策略 **表 8-4**

规划策略		频数（是）	占比（%）	合计（有效问卷数）
总规和控规层面	（1）在社区与社区之间规划公共服务中心或交通节点	437	90.7	482
	（2）控制居住区地块规模，规划规模适中的居住用地	409	84.9	482
修规层面	（1）规划方便市民生活进出的次出入口	434	89.7	484
	（2）注重封闭社区主出入口的朝向，与周边邻里相对	392	80.7	486

续表

规划策略		频数（是）	占比（%）	合计（有效问卷数）
修规层面	（3）依据城市规划设计导则或规范设计封闭社区：如控制围墙高度，选用开放性强的围墙材质等	372	79.3	469
	（4）在规划时与开发商协商，建议其选择开放式社区	211	44.1	478

（来源：作者自绘）

早在2009年，中央就开始控制居住用地的开发规模。为增强土地政策参与宏观调控的自觉性和主动性，严格执行土地供应政策，抑制部分行业产能过剩和重复建设，促进产业结构调整和节约集约利用土地，国土资源部与国家发展和改革委员会共同发布了《限制用地项目目录（2006年本增补本）》和《禁止用地项目目录（2006年本增补本）》。文件规定了商品住宅用地的宗地出让面积，小城市（镇）不超过7hm^2，中等城市不超过14hm^2，大城市不超过20hm^2（300亩）。许多规划师都利用这一政策减少封闭社区带来的负面影响，控制居住区的规模，增加社区的步行可能，减少由于社区规模过大导致对城市交通系统的隔断。

不同的居住群体趋于融合有3个基本条件：拥有共同或相似的生计条件，如职业、经济收入等；共享社区资源，如学校、医院等；交往中的两个群体双方都能感到获益等（Bakewell，2002）。居民之间面对面的接触是实现社会整合与构建团体凝聚力的先决条件（Young，1990，Frug，1999），居民日常步行出行和城市公共空间为居民提供了相互交流和接触的机会与场所。因此，规划师还可以通过法定规划布置公共服务设施，如在社区与社区之间规划如学校、公共交通枢纽、公共空间等服务设置，以增强社区的公共性，加强社区之间的串联和交往融合。

城市居住区边界的渗透性特征存在社会与文化标志（Leontidou et al.，2005），封闭社区的各个出入口可视为封闭社区围墙的可渗透性的重要标志。可渗透性的边界设计有利于促进居住区之间的交流。因此，规划师在规划时应增设更多的生活性出入口。注重封闭社区主出入口的朝向设计，与周边邻里相对或串联，打破边界障碍，在社区与社区之间形成交往或活动中心。

凯文•林奇认为道路、边界、区域、节点和标志物为城市空间的主要组成元素（Lynch，1992）。封闭社区的围墙、栅栏等可视为城市边界要素。因此，城市规划设计中的围墙与社会空间问题联系在一起，积极与消极的边界设计将带来截然不同的社会影响。正如简•雅各布斯在《美国大城市的死与生》中引用凯文·林奇的话："对于一个边界地带来说，如果人们的目光能一直延伸到它的里面，或能够一直走进去，如果在其深处，两边的区域能够形成一种互构的关系，那么，这样的边界就不会是一种突兀其来的屏障的感觉，而是一个有机的接缝扣，一个交接点，位于两边的区域可以天衣无缝地连接在一起。"可见，积极的边界设计可以起到良好社会的效应。然而，消极的边界设计则将产生相反的、不良的社会效应。消极边界主要体现在隔离性和封闭性的围墙，以及围墙两侧的道路、停车带和空地，不能为公共活动使用的绿带等；只要消极边界存在的地方，就会生硬地割裂空间、驱逐人群、造成污染和滋生犯罪（袁野，2010）。为了安全而设立的"围墙"并没有给封闭社区的居民带来真正的安全，反而使社区周边的街道成为城市中的"沙漠"地带（缺乏人们的眼光监督、少有人光顾），从而容易滋生犯罪（Miao，2003）。因此，限制封闭社区的围墙高度和选用通透性强的围墙材质是规划师常采用的社区围墙设计策略。

例如，在广州雅居乐花园社区规划中，其规划文件第6.3条规定：规划区内应设不超过2m高的通透式围墙。因安全防护需要而设实体围墙的，必须经规划主管部门批准。围墙必须设置在规划建筑红线范围内。（广州市番禺区人民政府，2005：7）

综上所述，在封闭社区与社会隔离之间，城市规划设计起到了较为重要的作用，规划设计思想和规划师价值的取向直接影响封闭社区的社会空间进程。围墙边界作为居住空间的重要构成要素，其规划设计取向与社会空间公平紧密地联系在一起。在居住区规划设计中，以步行性、融合性、可渗透性为导则有利于促进封闭社区与周边邻里之间的交流与融合。

8.6 总结

封闭社区的蓬勃发展，显著地重塑了城市景观，对城市规划产生了新的挑战（Thuillier，2005）。中国封闭社区的蓬勃发展可以通过结构（规则和政策；政治、规划和财政体制；文化、价值和意识形态等）和能动者（开发商、规划师、各级政府、购房者和公众）的相互作用来解释。本章特别阐明了规划师如何受结构（阶级归属、权力结构、规划体系）的影响，以及相应的结构又如何由行为者能动及其价值塑造。

在转型时期，当价值体系和制度环境都在发生变化时，行为者的能动性就显得尤为重要。在这种情况下，规划师和地方政策制定者可以利用现有的结构体系，并在某种程度上规避甚至重塑结构。例如，规划师在规划编制和批准中利用更高级别的政策协商技巧等。当然，规划师并不是改变的唯一动力。改变也可以来自开发商的创新，如那些引入新概念规划设计和推广无边界社区的开发商，以及来自购房者或者市场需求。如果市场需求或癖好转向开放式社区，这肯定会改变现有的供应结构，以此满足消费者新的需求。

“禁封令”应该会大大改变现有的结构和决策结果。“禁封令”是基于国家领导人和中央高级专家的价值观和认识布置的一项顶层设计。他们显然是有力的行动者和推动者，具有非凡的结构变革能力。“禁封令”可能标志着会生产什么样的城市空间，并成为城市空间发生根本性变化的开始，虽然许多人对此仍持怀疑态度。到目前为止，由于不同层级政府行为者在社区是否封闭的目标上存在一定的分歧，使得新政策并未在地方得到充分的实施。在现实中，封闭社区的数量也在持续增长，即使是在正式限制封闭社区的城市中也是如此。为了真正改变城市空间生产的结构条件，需要在专业技术人员、基层官员和公众之间进行更广泛的宣传，使他们的态度发生转变。因此，城市规划者必然在其中发挥重要作用，尤其是社区规划师制度的实施，规划师在社区更新设计中将起到更为重要的作用。这也是为什么规划师的态度和经历变得如此重要的原因，他们需要在具体的规划设计方案中解释和执行规划，从而获得不同利益相关者的支持，并满足他们的需求。

在这种情况下，本章的 3 个发现显得尤为重要。首先，调查发现城市规划师作为城市中产阶级的一部分，他们大多数倾向于生活居住在封闭社区中，这影响了他们对封闭社区的规划实践和态度。规划师在日常生活中是站在排斥者（排斥外来居民的）一方，而非被排斥者一方。因此，既得利益者和规划师特定的价值观可能会影响他们的职业决策。在这种情况下，规划师作为行为者的影响可能会阻碍或削弱“禁封令”的向下实施和贯彻。其次，本研究表明我国不同地区和城市类型的规划师态度存在差异。因此，在沿海大城市和较小的内陆城市中，“禁封令”作为新政策的实施可能面临不同的障碍。第三，可将规划师的态度与地方政府的态度之间的显著相关性解释为规划师规避与雇主或客户发生冲突的一种中庸之道。鉴于规划师对地方政府的高度依赖，这似乎是合理的。因此，未来“禁封令”的实施如何进一步影响规划师的态度以及是否会转变规划师的价值取向，将是一个很有意思的研究拓展。

9 理论综合：理解居住边界区的去边界化和再边界化进程

“我们对边界化进程和政策的理解对理解边界是什么非常重要；我们需要关注边界的行为者，即社会、经济和政治个体的活动以及边界的生产和再生产进程，或者说，边界化和去边界化的实践。而边界化和去边界化的实践在特定的历史时期和空间中的经济、政治和文化上都有体现”（Brunet-Jailly，2011）。

9.1 居住区去边界化和再边界化的内涵

边界动态进程包括边界化、去边界化和再边界化。再边界化是边界化进程的一种延续。去边界化和再边界化是一个周期性且同时发生的进程，两个进程并不矛盾。边界化和去边界化进程是结构与能动相互作用的结果（图 9-1）。也就是说，在功能流、符号和社会网络维度上的去边界化和再边界化进程，镶嵌在不同空间尺度的结构和背景中，由行为者的能动性实践驱动，并受制于其他行为者的行动。在城市居住区，居住边界通过居民在功能流、符号和社会网络等多个维度的去边界化和再边界化的实践不断地被解构和重构。

在功能流方面，边界的作用是调控跨界流动而不是阻止流动。人、物品和服务的流动使居住区的物理边界更具可渗透性，从而增加了高收入群体与低收入群体之间的经济联系和社会交往。实际上，边界在建立之时就开始了功能性的去边界化进程。例如，部分建造祈福新邨的建筑工人居住在相邻的钟一村，他们每天上班需要跨越居住区边界进入社区内部工作。社区边界建立之后，社区居民跨越边界到相邻村落购买具有差异性的商品和服务，其空间结果是商业化的边界缓冲区的出现。

与之相伴的是功能流维度的再边界化进程，主要表现在边界障碍效应

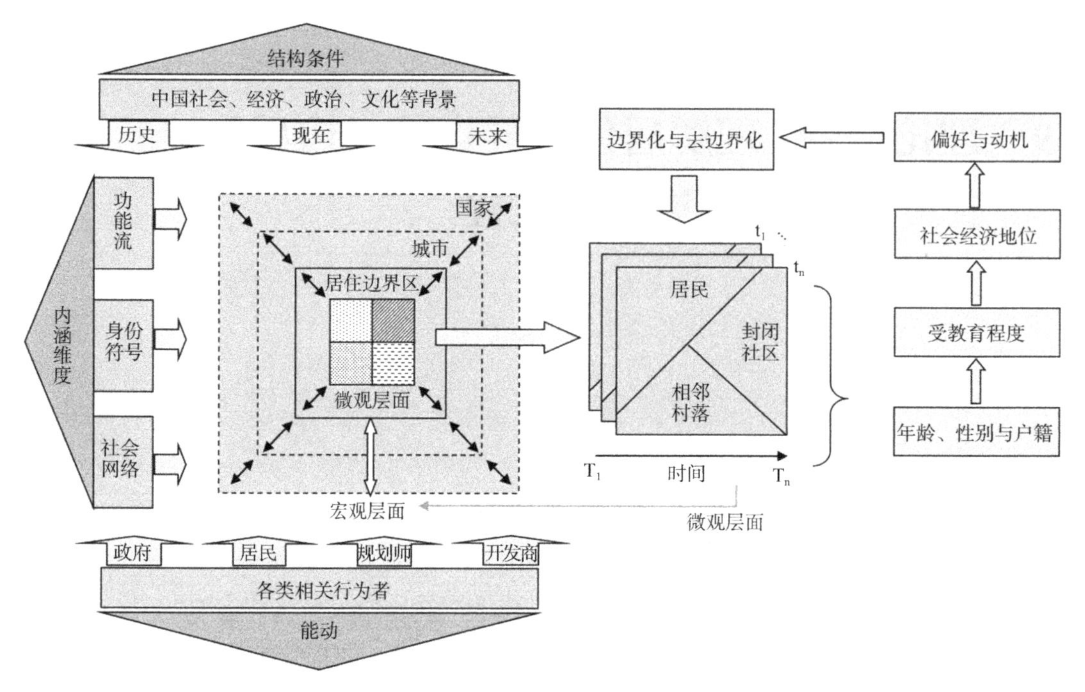

图 9-1 基于结构—能动视角的居住区边界化与去边界化研究理论阐释

（来源：作者自绘）

增强，产生新的隧道性边界和私人活动空间的扩张等方面。例如，钟福广场的建设截流了部分前往钟一村菜市场的居民消费需求。又如钟一村沿街针对祈福新邨居民的需求开办的私立幼儿园和商店等，通过价格机制，创造了新的排他性的私人消费空间。由于价格上涨，改变了毗邻村落部分贫困居民的消费目的地和路径，迫使其前往更远、更实惠的消费目的地采购日常生活用品，从而产生了隧道般的生活活动空间分异。

符号维度的去边界化表现在封闭社区对相邻村落产生了一定的地域归属感。例如祈福新邨的二手房销售宣传中将相邻村落的公共服务设施纳入其中。祈福新邨居民频繁光顾边界缓冲区域，逐渐将相邻村落的地域范围视为他们生活空间中的一部分，从而产生了一定的地域归属感。

符号维度的再边界化体现在封闭社区居民寻找安全感、构建秩序和排他等空间策略上。这些策略致力于净化社区居住空间。虽然社区封闭管理并未完全阻止偷盗等犯罪的发生，但是降低了犯罪发生的概率，一定程度上增加了居民的安全感，同时，通过边界内外的秩序构建，形成了较为同质化的社区居住群体。

在社会网络维度，封闭社区居民与相邻村落居民之间构建了不同强弱程度的社会网络关系。跨越社区的经济联系促进了两类群体相互接触和交流的机会。随着时间的推移，两类社区之间出现了强社会网络联系，例如跨越社区边界的村落宗族关系和亲戚朋友关系等，但同时两类群体仍然生活在各自不同的生活圈里。社区边界的存在增加了两类群体交往的障碍，一定程度上淡化了部分之前存在的社会联系。

封闭社区居民和相邻村落居民是推动居住区的去边界化和再边界化进程的实践主体，其实践活动包括对彼此的态度与评价、日常生活空间行为特征、身份认同与归属感、社会交往与网络等不同内容。居住边界区内居民的实践活动同时受规划师、地方政府和开发商等相关主体的制约，其去边界化和再边界化进程是社区微观尺度上的空间结构转型进程，该进程同时镶嵌在中观城市层面和宏观国家层面的多尺度的背景条件和转型进程之中。

9.2 结构条件：背景与制度因素

9.2.1 社会变革的影响

随着改革开放和我国经济的快速发展，我国社会发生了翻天覆地的变化。社会空间转型的主要特征体现为全球化、分权化和市场化。全球化浪潮为我国带来了巨大的境外投资机会。外商的直接投资推动了工业和房地产业的发展，成为城市发展的主要动力。特别是在珠江三角洲，部分来自香港的外商直接投资加速了城市扩张和广州的郊区化进程，激活了乡镇企业的发展。快速的经济发展孕育了一批新的中等收入和高收入群体，他们在大城市的郊区寻找新的商品房住宅，而乡镇企业的发展同时也吸引了大量的进城务工人员在城中村聚居。分权化改革则激活了地方政府在经济发展和城市建设中的活力，使地方政府拥有更多的权力和资源调配能力来促进城市的发展。中国土地利用变革和住房商品化改革促进了住房的市场化供应和分配，一方面在城市中为居民提供了更多的住房选择；另一方面允许居民根据自己的能力、兴趣和喜好自由选择住房。因此，研究边界化和去边界化进程的背景条件应该更多关注城市层面。

1979 年，我国采取允许一部分人“先富起来”的战略催生了新的中等收入群体，同时，也导致了贫富差异和城乡差异的加剧。城市的社会空间分层反映在微观尺度的居住边界区上，一部分是封闭社区（属于城市系统）；另一部分则是城中村（属于半城市半农村系统）。“城乡二元体”导致居住区边界两侧的根本差异和不对称。同样，这种差异和不对称也推动了人们的跨界流动。在封闭社区相邻村落居住的外来人口主要是农村移民，他们提供的服务和物品价格相对封闭社区内的价格要低，这种差异的根源在于中国城乡之间的巨大收入差距。因此，这种物品和劳动力的价格差异成为驱动居民跨界流动的直接动力。

社会结构上的不平等也是导致犯罪率上升的重要原因。例如，1990—2002年间，我国年均GDP增长率为9.05%，2002年国内生产总值达到1.23万亿美元，已成为世界上第六大经济体，取得了辉煌的成就。但与此同时，官方犯罪率从1978年的每10万人55.91起增加到2002年的每10万人337.5起事件（Liu，2006）。犯罪率随着经济的增长反而增加了。实际上，城市中真实的犯罪率可能要比统计数据更高。统计年鉴中主要统计的是犯罪的立案数，而偷盗等犯罪只有被盗窃的财物价值达到一定数额时才会被立案。因此，存在较多发而不报、报而未立的案件。城市中的频繁犯罪让居民普遍感到不安全。例如，在钟一村内，入室盗窃和车辆盗窃是最常见的犯罪行为，针对这一情况，该村采取了许多预防犯罪的措施，包括保安巡逻、安装24小时视频监控和建筑物门禁系统等。预防犯罪已成为村级公共服务的主要支出之一。城市犯罪的社会话语背景迫使居民在城市中寻求安全感。

9.2.2 制度的作用

在国家层面，主要的改革措施包括土地制度改革、户籍制度改革和住房制度改革。中国改革的主要目标是将社会主义计划经济体制向社会主义市场经济体制转变。一系列的制度改革对居住边界区现象的出现和延续产生了重大的影响。

首先，土地制度改革催生了居住边界区现象。从20世纪80年代后期开始，国有土地使用制度已从土地赠与转变为土地租赁，其结果是土地交易市场的建立。然而，由于政府垄断城市土地的供应，因此土地市场不包括农村村民。在征地过程中，地方政府常为了降低土地征用的成本而绕过村庄的建成区，只征用农用地。被征用的农用地通过政府征收转换为城市国有土地，而村庄已建用地仍然保持其原有的特征。在城市扩张的过程中，如果被征用的农用地开发建设成为封闭社区，便会与邻近的农村已建居住用地共同形成居住边界区现象。居住边界的出现对边界两侧居民的日常生活产生了较大的影响。

其次，户籍制度将人们分成不同的群体，并促使进城务工人员向城中村集聚。改革开放后不断放松对人口流动的户口管制，从而极大地促进了城市化的进程。然而，以户口为基础的国家福利制度仍未得到改革，没有城市户口，便意味着进城务工人员被排除在城市福利制度之外，特别是被排除在城市的保障住房福利系统之外。因此，在无能力购买商品房住宅的情况下，他们大多选择居住在租金较为低廉的城中村。

城中村中虽然没有围墙等实体的边界，但是存在着一条由户籍制度构建的无形边界。拥有本地户籍决定了村里能够获得村集体经济分红和享有相应的福利，在一定程度上巩固了“钟一村民”的集体身份。户籍制度将钟一村的居民划分为进城务工人员、拥有城市户籍的原住民和其他人员 3 类。从经济地位的角度上看，由于原住民有资格享受村集体经济分红和福利，而进城务工人员和当地下岗的城镇户口人员被排除在外，原住民的经济地位在一般情况下要优于其他两个群体。农村移民和国企下岗职工等群体构成了城中村的主要贫困人口。

户籍制度同样也排斥后来的居民，如祈福新邨的社区居民。户籍具有农业和非农业之分。国家提供的或村集体提供的福利不仅基于城市或农村户口，而且带有位置属性。户口具有本地户口和外地户口之分。钟一村的集体福利和资源分配都是以本地户籍为依据，脱离了本地户籍则不再享受原村集体提供的福利和经济分红。因此，户籍的位置属性排斥封闭社区居民享受附近村落的福利，例如三桂村小学的教育质量不错，顺德碧桂园的社区居民希望自己的孩子能就近入读三桂小学，但是常常由于指标限制而不能如愿。

第三，住房制度改革的空间影响是造成人口居住空间分异的原因之一。住房制度改革的内容是推动住房供应和分配从福利分房到市场化购房的转变。在改革的过程中，政府逐渐退出住房供应市场，形成主要由市场配给的住房供应模式。房地产开发的楼盘由于其品质、环境和配套均比同一地段的老旧住宅要好，因此售价相对更高。住房价格可承受能力成为人们选择居住社区和住房的首要考虑因素，因此，通过住房销售价格的筛选逐渐形成了居住空间分异。从可支付能力的角度看，封闭社区主要居住群体为中高收入群体，而附近的城中村则多聚居低收入群体。

此外，体制改革的一个重要影响是激活了诸多非国家行为主体。他们在边界化与去边界化方面的实践行为受到更少的国家限制。从建立一个具体的社区边界来看，不同的地方行为主体，如地方政府、城中村居民、开发商等都在封闭社区的围墙边界建设中起到了重要的作用。如在祈福新邨的边界建设过程中，社会权力精英，包括番禺区政府和村干部（拥有政治权力）、开发商（拥有资本）等结成联盟，共同完成了祈福新邨的项目立项与土地转换和出让，成为居住区边界化最主要的推动力。

9.2.3 城市化和郊区化的作用

改革开放后的40年是我国大规模城市化快速发展时期。城市化的影响是全国性的。在城市化过程中，不仅包括农村地区向城市地区的人口迁移，也包括从欠发达城市向发达城市的人口迁移。一部分农村人口在短时间内迁移到城市，特别是大城市会导致原有的社会网络关系瓦解，但同时新的稳定的社会网络关系尚未构建。在大城市封闭社区中聚居了来自全国不同地方的人口、不同类型的邻里社会关系正在发展之中，但是传统的“熟人社会”逐渐瓦解，居民之间的邻里关系相对冷漠和破碎，演化为原子化的“生人社会”。封闭社区内部居民之间尚未形成稳定和亲密的邻里关系，更不用说他们与相邻村落居民之间的关系了。

城市化发展到一定阶段伴随的是郊区化。郊区化一般可分为以高收入群体为主的郊区化和以中等收入群体为主的郊区化两个阶段。广州作为我国城市转型的典范，由于地缘关系，其郊区化初期受到外商投资的影响较大。受行政区划调整和城市“南拓”战略的影响，番禺成为郊区化的重点地区。因此，居住郊区化的第二阶段同时也是社区居民本土化的阶段。在此背景下，祈福新邨居民的人口结构也发生了相应的转型。本地中等收入人群的迁入和居民日常消费需求的增长，带动了相邻村落的经济发展，也重塑了封闭社区与相邻村落之间的关系。

9.3 个体行为者的作用：身份地位、偏好和动机

在微观居民个体的影响机理上，居民个体的性别、年龄、户籍状况、受教育程度、社会经济地位和偏好与动机等都是影响居住区边界化与去边界化的微观因素。年龄、性别和户籍的差异在一定程度上决定了不同居民个体所接受教育程度的差异。通常情况下，受教育程度的差异又决定了居民社会经济地位的差异。不同社会经济地位的群体，其个人的偏好与动机等都有显著的差异。下面主要阐述居民身份地位、偏好和动机的影响作用。

9.3.1 居民身份地位的作用

居民的身份地位在阐释居住空间分异中起到主要的作用（Wu and Li，2005，Li and Huang，2006，Chen and Sun，2007a）。不同的人由于在收入和财产等资源持有上的不同而拥有着不同的社会经济地位。社会经济地位在推动边界化和去边界化进程中起到重要的作用。

居住边界区从20世纪90年代到21世纪初的转型期间，边界内外的经济和社会关系都得到了显著的加强。在这方面，居民的社会经济地位的变化发挥了重要的作用。在20世纪90年代，祈福新邨的居民主要是高收入群体，具有充裕的经济能力购买由封闭社区管理提供的昂贵的私人服务，故大部分社区居民的消费集中在社区内部。这一时期，封闭社区居民与邻近村落居民之间很少有直接的经济联系。但自2000年以来，由于郊区化的作用，祈福新邨吸引了众多的本地新兴中等收入群体的入住，社区中以高收入人群为主的社区人口结构逐渐转换为以中等收入为主、高收入为辅的混合型人口结构。中等收入居民多通过住房抵押贷款的形式在封闭社区中买房，并且带来了原来居住在农村的父母。他们多为价格敏感型消费群体，成为跨越社区边界，前往附近村落消费的主体。封闭社区居民社会经济结构的变化助推了社区的去边界化进程。

社会经济地位同时决定了不同居民的消费目的地的分异。一般而言，封闭社区居民的社会经济地位要比附近村落居民的社会经济地位高，如祈福新邨可承受的价格和可支付能力更强。因此，出现了居住区边界内外的商品价格分异。在边界缓冲区域物品价格的上涨，迫使村落中的低收入群体转变消费目的，出现日常生活消费空间的分异。可见，社会经济地位的差异导致了功能维度的再边界化。

9.3.2 居民偏好与动机的作用

O'Dowd（2002）指出："部分行为者具有很大兴趣去维持边界的障碍效应；部分行为者则希望发展边界的桥梁与联系的功能；部分行为者则把边界当成是正面的经济资源，并从中寻求获利。"推动居住区边界化与再边界化的关键要素是居民个体的喜好或偏好。喜好或偏好是动机的源泉，能激发个体社会交往行为。封闭社区居民多根据个人的喜好自由选择是否与附近村落的居民产生社会联系，反之亦然。

个体的喜好与偏好是推动社会网络维度的去边界化和再边界化进程的内在动力。例如，某一封闭社区居民表示他倾向于在相邻村落菜市场的特定摊位购买日常生活用品，因为他个人觉得这些摊主人更好或提供的服务更好。随着频繁的经济联系，而逐渐与摊主形成脸熟、相互问候等社会联系。居民个体的喜好和偏好在很大程度上决定了其与附近村落居民的交往程度和频度。当然，居民个体的成见也是属于喜好或偏好的一种。例如，部分居民有成见地认为附近村落的居民是社区犯罪或者混乱的来源，进而不愿意与他们进行社会交往等。

此外，居民个体的语言和出生地等是影响居民个体偏好的重要因素，说同一种方言有利于拉近社区边界内外两个群体之间的距离。多数封闭社区受访者表示，他们在附近村落消费时认识某一个人，多是出于他们会说同一种方言或是来自同一个地方的老乡。因此，就居民的偏好而言，方言和老乡关系对于构建两个飞地之间的社会联系非常重要。

9.3.3 地方政府和开发商的作用

对中国分裂城市的机制分析不应只关注居民个体，还应关注国家、地方政府和开发商等主体（Madrazo and Kempen，2012）。地方政府和开发商是推动边界化与去边界化进程的利益相关主体。政府治理包括垂直治理和水平治理。垂直治理常涉及一般性治理的内容，连接中央政府、省、地方和区级政府等不同层级的政府；水平治理常涉及专项治理内容，如某级政府结合专项任务联合不同部门之间开展专项治理活动。

在郊区化过程中，地方（番禺）政府鼓励广州中心城区的中等收入群体在番禺生活居住，但是并没有提供充足的公共服务设施。例如，1998—2003 年番禺实施的购房落户政策，吸引了众多在广州工作的专业技术人士和中等收入阶层在番禺买房落户，促进了广州向番禺扩张的郊区化进程。此外，中央政府从 2006 年开始实施全国住房混合政策。该政策规定中小套型（90 ㎡以下）的住房面积占宗地住宅开发建设总面积的比例不低于 70%。这项政策在一定程度上迫使祈福新邨在 2006 年后的开发项目中考虑建设更多的中小户型住房。中小户型住房的开发一定程度上降低了祈福新邨的住房购置门槛，吸引了更多的中等收入阶层在祈福新邨购房入住。

住房商品市场的建立同时也标志着政府从住房供应市场中逐渐退出。政府退出住房供应市场的同时也退出了社区公共服务设施的配套建设，社区开始作为城市公共服务设施配套的基本单位，社区公共服务设施的配套建设进而交由开发商主导。由于开发商楼盘开发的目的是追求最大化商业利益，因此，在规划体系和管理不完善的时期，商品房开发项目普遍存在公共服务设施配套不足的问题。封闭社区公共服务设施配套的不足，促使社区居民选择到相邻的村落寻求相关服务和物品。

在居住边界区的社区治理上，地方政府并没有意识到社区边界的影响和作用。虽然存在很强的跨界居民流动，但是地方政府并没有出台边界整合的措施，在社区治理上仍然采用“分而治之”的治理策略。在行政区划上，封闭社区作为城市社区（治理主体为社区居委会），而城中村作为农村地区（治理主体为村民委员会），边界两侧的居住区并没有被视为一个整体来对待。例如，祈福新邨与钟一村之间的钟屏岔道有很强的机动车交通流量，威胁到居民跨界活动的人身安全，但是地方政府并没有为了改善居民跨界活动而改善步行交通，例如增设人行天桥等。

在城中村，地方政府试图通过“村改居”来消除原住民与城市居民之间的身份差异。但这仅仅是在名义上消除了两类群体的户口差异，而实际上与户口相挂钩的社会福利待遇差异并没有因此被磨平。目前的政策并没有消除农村和城市之间的差异。事实上，钟一村原住民的集体身份认同通过“股权固化”的改革获得了巩固，反而加强了边界两侧居民群体的身份认同差异。

对于地方政府来说，社区是行政管理的基本单元，社会稳定是城市发展最重要的目标之一。社区邻里层面的安全是确保社会稳定的有效方法。社会稳定的政治目标促使地方政府鼓励开发商在新建商品房项目中建立栅栏和围墙。即使是在“禁封令”政策出台之后，地方政府仍普遍倾向于采取“小封闭，大开放”的策略。可见，地方政府的治理措施是封闭社区边界得以延续的一个重要原因。

9.3.4 规划师的作用

规划师作为连接政府、开发商和公众的纽带，扮演利益协调者的角色。规划师个体的能动性受到自身条件和权力关系的影响。规划师群体多属于中等收入群体，调查研究发现规划师约有 75% 居住在封闭社区。规划师的居住状况如是否居住在封闭社区、居住年限、规划经验等因素对促进居住区开放的能动性实践具有一定的制约作用。规划师的社会属性（封闭式居住状况）也影响了规划师开放封闭社区的能动性实践。相比那些没有居住在封闭社区的规划师，有相关居住经历的规划师更加认同封闭社区的优点，而更不认同封闭社区的负面效应，如社会隔离、阻隔道路交通等。地方政府的偏好同样也制约了规划师的行为实践，两者对封闭社区的态度存在显著的正向相关性。在权力关系的约束下，规划师的主要作用体现在通过采取不同的促进社区融合的措施来减轻封闭社区所带来的负面影响。此外，规划师推动边界融合的能动性实践也被运用到现行的规划体系中。随着规划体系的改革，例如社区规划师制度的推行、国土空间规划体系的建立等，都将加强规划师在推动社区去边界化进程中的作用和角色。

10 结论与展望

中国的体制改革给广州带来了巨大的经济、社会和政治转型。随着城市郊区化进程，以封闭社区和城中村为主的社区有形和无形的边界不断在郊区出现，典型的空间结果是郊区的封闭社区与城中村相邻而居。政治地理学已对国家边界的动态发展进程进行了大量的研究，然而对社区尺度的边界很少关注。在大多数情况下，城市边界对于人们的日常生活实践与国界一样重要。社区边界与国界有众多相似之处，借鉴国家边界理论研究微观社区边界有利于拓宽理论和发展根植于特定尺度和案例的理论解释。本书通过引入政治地理学的边界视角，结合广州的实证案例，从结构和能动两个方面阐述了围绕社区边界的去边界化和再边界化动态进程的内涵、特征和机理。

本研究立足于当前国家提出的“逐步开放封闭小区”、建立“开放与共享”的发展理念等现实需求，针对城市居住空间破碎化的特征，从居住空间边界出发，回答了3个实证研究问题。第一个研究问题涉及边界的去边界化和再边界化进程如何在社区尺度上展开。后面两个实证研究问题，主要回答塑造边界动态进程的结构和能动性影响因素。本研究通过综合边界动态进程理论和结构化理论，深入分析广州的实证案例，最后总结和归纳出研究的理论阐释。本研究不仅有助于我们更具体地了解中国及其他地区的城市结构条件、城市边界主义和社会隔离，而且有利于丰富社会理论和讨论；研究成果对形成更加融合的城市社会空间结构具有一定的参考意义。

10.1 实证研究结果

针对第一个关于在居住边界区发生了什么样的去边界化和再边界化进程，其内涵和特征是什么的研究问题。实证研究结果表明，在广州郊区，封闭社区居民与相邻村落居民之间发生了功能流、符号和社会网络三个维度的去边界化和再边界化动态进程。去边界化和再边界化进程两者同时展开，又相互重叠，属于城市转型的一个过程。

第一个问题首先回答了封闭社区居民为什么需要“围墙”（边界化进程），以及他们在社区围墙周边发生的日常生活实践。研究发现：安全、隐私和社区环境是中国居民选择在封闭社区居住的三个主要因素；但同时这种封闭性的居住并没有隔离其与周边村落居民的交往与联系，反而由于围墙的存在，构建了新的秩序，拉近了中等收入居民与低收入群体的居住距离，减轻了城市大尺度的空间分异或隔离。其次，项目调查发现在封闭社区与比邻村落之间存在微观的融合进程，即多维度的去边界化进程。在功能上，封闭社区常常开设有专门通往附近村落的便利性小门，以供社区居民日常进入比邻村落活动，两个社区之间存在较强的功能互补性。在符号（认同）上，封闭社区居民逐渐认同周边村落，对村庄的环境产生了一定的地域认同感。在社会网络层面，封闭社区居民与村落居民产生了一定的社会交往，如脸熟、会打招呼甚至交朋友等。这些都表明两个相邻的飞地封闭社区和城中村并不是孤立的场所，而是在某种程度上实现了功能的互补。再次，已有研究阐释了居住边界区的功能和符号的去边界化（Sabatini and Salcedo，2007）。本书实证研究的创新之处在于拓宽了研究边界动态进程的内涵维度，增加了社会网络维度的研究和建立在时间序列上的长期跟踪研究。

最后，研究发现去边界化的进程伴随着再边界化进程。本书阐释了封闭社区的再边界化进程所采取的空间策略。这些策略包括寻求安全感、构建秩序和排他。实证结果表明，虽然封闭社区并未杜绝犯罪，但是社区的门禁设施和封闭管理增强了居民的安全感。社区边界构建了“里面”和“外面”的空间秩序，并通过排他性的封闭式管理营造一种同质化的居住空间，追求空间的净化与不同。

第二和第三个研究问题主要探索了边界动态进程的结构和能动性因素。换言之，边界的动态进程是结构和能动因素相互作用的结果。区别于把社区居民视为静态的城市社会空间结构要素的研究，本研究把社区居民和规划师视为能动的主体，并探讨影响或制约其能动性实践的因素，对当前的研究是一种有益的补充。

首先，非国家主体正在发挥比以往更重要的作用。业主、原住民、进城务工人员和城市低收入群体是社区边界实践的主要参与者。居民的自身条件，如性别、年龄、户籍、社会经济地位、个人喜好等成为影响边界动态进程的重要因素。对于居民个体而言，社会经济地位一定程度上决定了他们的居住条件，同时也决定了他们的消费目的地取向。例如，当祈福新邨的价格敏感型住户增多时，极大地促进了封闭社区与相邻村落钟一村的经济往来与联系。但随着经济的发展，以及不同群体之间收入差距的缩小，社会经济地位因素的影响将逐渐减弱，居民个体的喜好和偏好将成为推动社区边界化与去边界化的一个重要的因素。

其次，从规划师的能动性的角度阐述了其对封闭社区生产的作用、价值导向和态度。研究发现中国 75% 的规划师居住在封闭社区，规划师总体上对封闭社区持积极的态度。规划师的社会属性（封闭式居住状况、中等收入群体身份等）影响了规划师开放封闭社区的能动性实践。

最后，边界的动态进程是社会转型的一个缩影。国家体制改革，包括户籍制度、土地使用制度、住房制度，以及社会空间转型和城镇化等是居住边界区转型的背景条件和制度性因素。地方性的背景条件是有别于其他国家语境的重要背景条件，也是理论阐释体现地方性的重要部分。

10.2 理论意义与研究展望

在结构—能动理论的基础上，本书拓展了“边界作为动态进程”的理论概念，提出其内涵包括功能流、符号和社会网络三个维度的去边界化和再边界化的进程。结构—能动理论构建了连接国家边界理论与微观社区边界尺度之间的桥梁，有助于加强对边界动态进程的本体论的认识。主要的理论贡献集中以下方面。

一是实证研究结果突出了社会网络边界的维度。关于国家边界的去边界化和再边界化的现有研究只将边界区分为领土、功能和符号的三个维度，而忽略了对社会网络维度的探讨。本书引入社会网络维度分析，对由于空间邻近性而产生的不同群体之间的社会网络联系进行研究，可以触及去边界化和再边界化进程的最深层次，拓宽对边界进程概念的理解。在社区边界研究中，非常有必要增加社会网络维度的研究，因为社会联系是居民日常生活实践中不可或缺的一部分，因此，应该在城市边界研究中引起更多的关注。

二是本研究拓展了边界的理论内涵。结合实证结果，本研究构建了以进程（去边界化和再边界化）为横轴，内涵（不同边界维度，包括功能流、符号和社会网络）为纵轴的理论阐释模型，并有机地把多层次的结构性影响因子和能动性影响因子综合在一起，丰富了边界的理论概念，有利于增进我们对边界动态进程的内涵、特征及其影响因素的理解。

三是本书把政治地理学的边界理论视角引进到城市空间结构的研究中，把封闭社区的“围墙”看作是具有多维度内涵的边界，采取多维度的分析方法，有利于避免线性思维，更为全面和综合地理解城市内部边界和城市空间结构条件。

在未来研究的拓展建议上，结合国家提出的“逐步开放封闭小区”的政策和正在发生的空间结构转型进程，我们有必要加强和延伸去边界化进程的研究。

首先，本书主要关注“自下而上”的居民边界化和去边界化实践活动，而未来的研究有必要重点关注促进或制约去边界化进程的“自上而下”的结构性动力机制，即政府多层级的管治以及其他相关行为者（包括非封闭社区居民和市场组织机构）等如何影响封闭社区居民的边界融合实践。

其次，本书重点研究了广州番禺区的居住边界区现象。广州番禺区作为城市化程度较高的地区，其居住边界区具有典型性和独特性，由此容易忽略城市其他不同属性居住边界区的样本研究。例如即使同样是在珠三角地区的佛山顺德区，其居住边界区的属性也有所不同。顺德区下辖有10个镇街，其“半城半乡”的城市形态，拥有众多的居住边界区。由于顺德区下级行政管理单元多为镇的建制，当封闭社区在村落附近建成后，多为外来迁入人口（“新顺德人”）购买入住，社区的居民人口纳入到村委会管理，而非像番禺区一样，封闭社区的居民独立新建一个社区居委会进行管理。由于顺德区各镇的封闭社区建设带来的外来迁入人口纳入当地村委会管理，使得他们在村委会的选举中拥有选举权和被选举权。村委会具有处置村集体物业和经济分红收益的权力，因此，在那些还保留有村集体物业和经济的村，村干部的选举就成为两派人员争夺村集体利益的典型体现。原住民和外来迁入人口之间在选举中的竞争和冲突常常很激烈，其边界的内涵更为丰富。因此，未来的研究有必要拓展典型案例研究，对比不同地域背景和属性的居住边界区。

再者，本书重点关注规划师对封闭社区生产的作用，而未来针对新的国家政策背景和国土空间规划体系改革的背景，有必要跟踪探讨规划师的价值导向与应对策略发生了什么样的变化。

最后，基于2020年新冠疫情暴发等公共卫生危机的背景，封闭社区在疫情防范中起到了重要的作用。因此，未来的研究有必要重新发现封闭社区的作用，探讨如何平衡社区开放与封闭的尺度和模式。

附录 A　半结构化访谈基本提纲

1. 对封闭社区（以祈福新邨为例）居民的访谈问题列表

（1）你在祈福新邨居住多久了？

（2）你以前去过钟一村吗？多久会去一次（一周多少次）？去那里活动的目的是什么？

（3）你经常在哪里见到周边村落的居民？

（4）你认识住在钟一村的人吗？你是怎么认识他们的？

（5）你喜欢和比邻村落的居民聊天吗？与他们交过朋友吗？在钟一村菜市场购物时会和他们交流吗？他们来自哪里？他们是原住民还是外来务工人员？

（6）你和钟一村有什么联系吗？你认为钟一村是你生活中的一部分吗？或者，钟一村在你的日常生活中有多重要？祈福新邨发生了什么变化？如居民人口结构、物业环境等。与外界的联系上，你觉得社区比以前更孤立还是更开放了？

（7）你比以前更常去周边村落吗？这种变化的原因是什么？

（8）在安全上，你在祈福新邨和在邻村的感受有什么不同吗？

（9）社区居民会送孩子去邻村的学校上学吗？你知道有谁把孩子送去了邻村的学校学习吗？相反，你是否知道有村民把孩子送到祈福新邨配套的学校上学？情况怎么样？

（10）你认为祈福新邨大门的功能是什么？你为什么需要社区建设围墙进行封闭管理？你想开放社区的封闭管理吗？你愿意让邻村的居民来祈福新邨吗？

（11）祈福新村的出入限制比以前更严格了吗？

（12）物业管理公司或社区居委会是否举办过以加强现社区与周边村落联系和融合的活动？你参加过吗？

2. 对比邻村落（以钟一村为例）居民的访谈提纲列表

（1）你是本村村民吗？如果是外来人口，你来自哪里？你在这里居住多久了？你在这里主要从事什么行业的工作？你是怎样找到这份工作的？

（2）你以前去过祈福新邨吗？你多久去一次？你去那里的目的是什么？

（3）你认识住在祈福新邨里面的居民吗？你是怎么与他们认识的？

（4）有村民或者认识的人在祈福新邨买房吗？有多少人买了？

（5）你和祈福新邨有什么联系吗？与里面的人有什么交往吗？

（6）祈福新邨对钟一村有什么影响？祈福新邨的建设和发展是否对你产生什么影响？

（7）你通常在哪里碰到或见到祈福新邨的居民？你是否愿意或有兴趣和他们交流？会与他们交朋友吗？

（8）祈福新邨里面住的是什么样的一群人？

（9）钟一村发生过什么样的变化？

附录 B　访谈对象清单

序号（No）	访谈日期	性别	估计年龄（岁）	职业	受访者身份	访谈地点	受访者来源	访谈耗时（min）
1	2012.09.02	女	60	退休	社区业主	祈福新邨汽车站	祈福新邨	10
2	2012.09.02	男	50	水泥工	外来流动人口	钟一村莲塘公园	钟一村	12
3	2012.09.12	男	30	地产中介	-	祈福新邨住宅区	钟一村	50
4	2012.11.17	男	60	退休	社区业主	祈福新邨购物区	祈福新邨	29
5	2012.12.01	女	60	退休	社区业主	祈福新邨汽车站	祈福新邨	12
6	2012.12.01	女	60	退休	业主亲属	钟一村	祈福新邨	10
7	2012.12.01	女	60	农民（照顾子女）	业主亲属	去祈福新邨的路上	祈福新邨	10
8	2012.12.01	女	30	—	社区业主	去祈福新邨的路上	祈福新邨	—
9	2012.12.03	男	50	退休	原住民	钟一村莲塘公园	钟一村	50
10	2012.12.03	男	30	工厂务工	外来流动人口	钟一村莲塘公园	钟一村	32
11	2012.12.04	男	80	退休	社区业主	祈福新邨湖边	祈福新邨	19
12	2012.12.04	女	30	—	社区业主	祈福新邨湖边	祈福新邨	20
13	2012.12.04	男	30	金融业	社区业主	祈福新邨湖边	祈福新邨	39
14	2012.12.05	男	50	祈福新邨楼巴司机	祈福新邨物业公司职员	祈福新邨楼巴	祈福新邨	23
15	2012.12.05	男	60	退休教师	原住民	钟一村莲塘公园	钟一村	55
16	2012.12.05	男	50	退休	外来流动人口	钟一村莲塘公园	钟一村	26
17	2012.12.05	男	40	自营鲜鱼批发	原住民（来自其他村庄）	钟一村莲塘公园	钟一村	45
18	2012.12.08	女	20	—	社区业主	祈福新邨湖边	祈福新邨	33
19	2012.12.08	女	80	退休	社区业主	祈福新邨湖边	祈福新邨	78
20	2012.12.08	2 男	20，30	计算机与网络维修工作	祈福新邨物业公司职员	祈福新邨湖边	祈福新邨	41
21	2012.12.08	女	30	教师	社区业主	祈福新邨商业区餐厅	祈福新邨	61（保持长期的联系，先后共访谈三次）
22	2012.12.09	男	30	务工人员	外来流动人口	钟一村莲塘公园	钟一村	25
23	2012.12.09	女	60	退休（照顾小孩）	外来流动人口	钟一村莲塘公园	钟一村	55

续表

序号（No）	访谈日期	性别	估计年龄（岁）	职业	受访者身份	访谈地点	受访者来源	访谈耗时（min）
24	2012.12.09	男	20	粮食店老板	外来流动人口	钟一村香馆餐厅	钟一村	15
25	2012.12.09	男	30	工厂务工人员	外来流动人口	钟一村莲塘公园	钟一村	15
26	2012.12.09	男	60	绘画协会会员 / 退休	原住民	钟一村莲塘公园	钟一村	57
27	2012.12.09	女	40	街头裁缝	外来流动人口	钟一村菜市场	钟一村	55
28	2012.12.09	男	30	物流和搬运工	外来流动人口	钟一村菜市场	钟一村	25
29	2012.12.09	女	30	家庭主妇	社区业主	钟一村菜市场	祈福新邨	15
30	2012.12.13	女	20	失业	外来流动人口	钟一村莲塘公园	钟一村	25
31	2012.12.13	女	50	失业	外来流动人口	钟一村莲塘公园	钟一村	20
32	2012.12.13	女	30	承租人	租客	祈福新邨湖边	祈福新邨	8
33	2012.12.13	2 女	20，50	面包店员工（母女）	外来流动人口	祈福新邨湖边	钟一村	30
34	2012.12.13	女	40	影视传媒	社区业主	祈福新邨湖边	祈福新邨	74
35	2013.10.05	男	30	营销人员	社区业主	祈福新邨湖边	祈福新邨	98
36	2013.10.06	男	50	务工	外来流动人口	钟一村莲塘公园	钟一村	50
37	2013.10.06	男	80	退休	原住民	钟一村莲塘公园	钟一村	60
38	2013.10.06	男	50	退休	原住民	信息大厅	钟一村	20
39	2013.10.06	女	50	退休	社区业主	祈福新邨湖边	祈福新邨	53
40	2013.10.06	女	60	退休	业主亲属	祈福新邨湖边	祈福新邨	40
41	2013.10.11	2 女	20,20	家庭主妇	外来流动人口	钟一村莲塘公园	钟一村	23
42	2013.10.11	女	50	—	当地移民	钟一村莲塘公园	钟一村	57
43	2013.10.11	男	30	销售经理	社区业主	祈福新邨湖边	祈福新邨	36
44	2013.10.11	男	60	退休教师	社区业主	祈福新邨湖边	祈福新邨	65
45	2013.10.11	男	40	—	社区业主	去市中心的公交上	祈福新邨	51
46	2013.10.11	男	60	退休	社区业主	祈福新邨天湖居分区	祈福新邨	70
47	2013.10.13	男	30	房地产业	社区业主	祈福新邨湖边	祈福新邨	74
48	2013.10.13	男	50	下岗工人	原住民（有城市户口）	钟三公园	钟三村	58
49	2013.10.13	女	50	务工人员	外来流动人口	钟三公园	钟三村	35
50	2013.10.13	男	20	工地工人	外来流动人口	钟三公园	钟三村	30
51	2013.10.13	男	60	—	社区业主	祈福新邨湖边	祈福新邨	48
52	2013.10.13	男	60	退休	原住民	钟一村莲塘公园	钟一村	28
53	2013.10.13	男	30	务工人员	外来流动人口	钟一村莲塘公园	钟一村	36
54	2013.10.13	男	30	保安	外来流动人口	祈福新邨汽车站	祈福新邨	56
55	2013.10.27	女	30	城市规划师	—	—	番禺区	97
56	2013.10.27	男	50	城市规划师	—	—	番禺区	35
57	2014.11.10	男	40	—	外来流动人口	钟一村莲塘公园	钟一村	35

续表

序号（No）	访谈日期	性别	估计年龄（岁）	职业	受访者身份	访谈地点	受访者来源	访谈耗时（min）
58	2014.11.10	男	50	退休	原住民	信息大厅	钟一村	25
59	2014.11.10	2女	50，50	务工人员	外来流动人口	钟三公园	钟一村	31
60	2014.11.10	男	60	退休教师	原住民（有城市户口）	信息大厅	钟一村	57（第二次访谈，No.15）
61	2014.11.10	女	30	—	社区业主	祈福新邨湖边	祈福新邨	60
62	2014.11.10	6男1女	—	村干部	村委会	村委会会客室	案例地村落	150
63	2012.08.29	男	30	顺德碧桂园学校教师	住在顺德碧桂园	顺德碧桂园	顺德碧桂园	90
64	2012.12.10	女	60	退休	原住民	信息大厅	三桂村	60
65	2012.12.10	6女	50	退休	社区业主	顺德碧桂园东苑	顺德碧桂园	50
66	2012.12.10	2男	30，40	乡村餐厅厨师	外来流动人口	三桂村公园	三桂村	50
67	2012.12.15	男	30	务工人员	外来流动人口	三桂村公园	三桂村	30
68	2012.08.26	男	30	公务员	原住民也是锦绣花园的业主	锦绣花园	锦绣花园和钟四村	30
69	2012.12.23	男	30	自营职业	锦绣花园业主	公交站	锦绣花园	20
70	2012.12.15	女	50	早餐摊主	原住民	三桂村	三桂村	30
71	2019.6.25	女	50	务工人员	外来流动人口	三桂市场内	三桂村	7
72	2019.6.25	女	30	务工人员	外来流动人口	三桂市场门口	三桂村	12
73	2019.6.25	女	60	退休	社区居民	碧桂园小门出口	顺德碧桂园	18
74	2019.6.25	女	50	退休	社区居民	碧桂园小门出口	顺德碧桂园	12
75	2019.6.25	女	50	糕点女店主	外来流动人口	三桂市场前的摊位	三桂村	10
76	2019.6.18	男	40	—	社区居民	祈福名都	祈福新邨	10
77	2019.6.18	女	60	退休	社区居民	祈福名都	祈福新邨	12
78	2019.6.18	女	60	退休	社区居民	祈福名都	祈福新邨	12
79	2019.6.11	女	40	门卫	社区居民	锦绣趣园小门	锦绣花园	10
80	2019.6.11	女	40	—	社区居民	前往钟四村的路上	钟四村	7
81	2019.6.11	男	16	高中生	社区居民	锦绣趣园门前	锦绣花园	10

参考文献

[1] ABRAMSON D. Transitional Property Rights and Local Developmental History in China[J]. Urban Studies, 2011, 48 (3): 553-568.

[2] ACKLESON J. Directions in border security research[J]. The Social Science Journal, 2003, 40 (4): 573-581.

[3] ACKLESON J M. Discourses of identity and territoriality on the US- Mexico border[J]. Geopolitics, 1999, 4 (2): 155-179.

[4] AGNEW J. Book Review on A.Paasi: Territories, Boundaries and Consciousness[J]. Geografiska Annaler B, 1996, 78: 181-182.

[5] ALBERT M, BROCK L. Debordering the world of states: New spaces in international relations[J]. New Political Science, 1996, 18 (1): 69-106.

[6] ALBERT M, JACOBSON D, LAPID Y. Identities, borders, orders: new directions in international relations theory[M]. Minneapolis: University of Minnesota Press, 2001.

[7] ALDOUS T. Urban Villages: A Concept for Creating Mixed-use Urban Developments on A Sustainable Scale [M]. London: Urban Villages Group, 1992.

[8] ALKER H R, SHAPIRO M J. Challenging boundaries: global flows, territorial identities[M]. Minneapolis: University of Minnesota Press, 1996.

[9] ALVAREZ R R. The Mexican-Us Border: The Making of an Anthropology of Borderlands[J]. Annual Review of Anthropology, 1995, 24: 447-470.

[10] AMOORE L. Biometric borders: Governing mobilities in the war on terror[J]. Political Geography, 2006, 25 (3): 336-351.

[11] ANDERSON J. Theorizing State Borders: 'Politics/Economics' and Democracy in Capitalism[J]. CIBR/WP01-1.Belfast: CIBR Working Papers in Border Studies, 2001.

[12] ANDERSON J, O'DOWD L. Borders, Border Regions and Territoriality: Contradictory Meanings, Changing Significance[J]. Regional Studies, 1999, 33 (7): 593-604.

[13] ANDERSON J, O'DOWD L, WILSON T M. New Borders for a Changing Europe: Cross-Border Cooperation and Governance[M]. London: Frank Cass, 2003.

[14] ANDERSON M. Frontiers: Territory and State Formation in the Modern World[M]. Polity Oxford, 1996.

[15] ANDERSSON R. Illegality, Inc.: Clandestine migration and the business of bordering Europe[M]. California: Univ of California Press, 2014.

[16] ATKINSON R, FLINT J. 'Fortress UK? Gated Communities, the Spatial Revolt of the Elites and Time-space Trajectories of Segregation' [J]. Housing Studies, 2004, 19 (6): 875-892.

[17] B.MURPHY A, 刘云刚 . 东西对话：中国政治地理学研究展望 [J]. 人文地理，2019，34（01）:3-8，36.

[18] BAKEWELL O. Refugees and local hosts: a livelihoods approach to local integration and repatriation[J]. Insights—Development Research, 2002.

[19] BANERJEE P, CHEN X. Living in in-between spaces: A structure-agency analysis of the India–China and India–Bangladesh borderlands[J]. Cities, 2013, 34: 18–29.

[20] BAUDER H. Toward a Critical Geography of the Border: Engaging the Dialectic of Practice and Meaning[J]. Annals of the Association of American Geographers, 2011, 101 (5): 1126-1139.

[21] BLAKELY E J, SNYDER M G. Fortress America: Gated Communities in the United States[M].Washington DC: Bookings Institution Press, 1997.

[22] BOGGS W. International Boundaries, A Study of Boundary Functions and Problems [M]. New York: Columbia University Press, 1940.

[23] BONACKER T. Krieg und die Theorie der Weltgesellschaft. Auf dem Weg zu einer Konflikttheorie der Weltgesellschaft[M] //A. GEIS, Den Krieg überdenken.Kriegsbegriffe und Kriegstheorien in der Kontroverse. Baden-Baden: Nomos, 2006: 75-94.

[24] BONACKER T. Debordering by human rights: The challenge of postterritorial conflicts in world society[M]//S. STETTER, Territorial Conflicts in World Society.Modern Systems Theory, International Relations and Conflict Studies. London: Routledge, 2007: 19-32.

[25] BREITUNG W. Borders and the city- intra-urban boundaries in Guangzhou (China) [J]. Quaestiones Geographicae, 2011, 30 (4): 55-61.

[26] BREITUNG W. Enclave Urbanism in China: Attitudes Towards Gated Communities in Guangzhou[J]. Urban Geography, 2012, 33 (2): 278-294.

[27] BREITUNG W. Differentiated neighbourhood governance in transitional urban China: comparative study of two housing estates in Guangzhou[M]. Neighbourhood governance in urban China. Edward Elgar Publishing, 2014.

[28] BROWN W. Walled states, waning sovereignty[M]. Princeton: Princeton University Press, 2010.

[29] BRUNET-JAILLY E. Theorizing borders: An interdisciplinary perspective[J]. Geopolitics, 2005, 10(4): 633-649.

[30] BRUNET-JAILLY E. Special Section: Borders, Borderlands and Theory: An Introduction[J]. Geopolitics, 2011, 16 (1): 1-6.

[31] CALDEIRA T P R. Fortified enclaves: The new urban segregation[J]. Public Culture, 1996, 8 (2): 303-328.

[32] CALDEIRA T P R. City of walls: crime, segregation, and citizenship in São Paulo[M]. Berkeley: University of California Press, 2000.

[33] CAMPBELL D. Writing security: United States foreign policy and the politics of identity[M]. U of Minnesota Press, 1992.

[34] CANEY S. Justice Beyond Borders: A Global Political Theory[M]. Oxford: Oxford University Press, 2005.

[35] CHAN K W. The Chinese Hukou System at 50[J]. Eurasian Geography and Economics, 2009, 50 (2): 197–221.

[36] CHAN K W, BUCKINGHAM W. Is China Abolishing the Hukou System?[J]. The China Quarterly, 2008, (195): 582-606.

[37] CHEN J, HAN X. The Evolution of the Housing Market and Its Socioeconomic Impacts in the Post-reform People's Republic of china: a Survey of the Literature [J]. Journal of Economic Surveys, 2014, 28 (4): 652-670.

[38] CHEN X, SUN J. Untangling a global - local nexus: sorting out residential sorting in Shanghai[J]. Environment and Planning A, 2007a. 39: 2324 - 2345.

[39] CHEN X, SUN J. Untangling a globalÿ - ÿlocal nexus: sorting out residential sorting in Shanghai[J]. Environment and Planning A, 2007b, 39 (10): 2324-2345.

[40] CHENG T, SELDEN M. The Origins and Social Consequences of China's Hukou System[J]. The China Quarterly, 1994, (139): 644-668.

[41] CHUNG H. Building an image of Villages-in-the-City: A Clarification of China's Distinct Urban Spaces[J]. International Journal of Urban and Regional Research, 2010, 34 (2): 421-437.

[42] CHUNG H, ZHOU S-H. Planning for Plural Groups? Villages-in-the-city Redevelopment in Guangzhou City, China[J]. International Planning Studies, 2011, 16 (4): 333-353.

[43] COLEMAN M. U.S. statecraft and the U.S.–Mexico border as security/economy nexus[J]. Political Geography, 2005, 24 (2): 185-209.

[44] CRUZ S S, PINHO P. Closed Condominiums as Urban Fragments of the Contemporary City[J]. European Planning Studies, 2009, 17 (11): 1685-1710.

[45] DAVIS M. Fortress Los Angeles: the militarization of urban space[J]. Variations on a theme park, The new American city: 1992.

[46] DICKEN P. Global Shift: Reshaping the Global Economic Map in the 21st Century[M]. London:

Sage，2003.

[47] DIENER A C，HAGEN J. Theorizing Borders in a 'Borderless World'：Globalization，Territory and Identity[J]. Geography Compass，2009，3（3）：1196-1216.

[48] DONG X-Y. Two-tier land tenure system and sustained economic growth in post-1978 rural China[J]. World Development，1996，24（5）：915-928.

[49] DONNAN H，M.WILSON T. Borders Frontiers of Identity，Nation and State[M]. New York：Oxford，1999.

[50] DOUGLASS M，WISSINK B，KEMPEN R V. Enclave urbanism in China：Consequences and interpretations[J]. Urban Geography，2012，33（2）：167-182.

[51] DOWNE- WAMBOLDT B. Content analysis：Method，applications，and issues[J]. Health Care for Women International，1992，13（3）：313-321.

[52] DULBECCO P，RENARD M-F. Permanency and Flexibility of Institutions：The Role of Decentralization in Chinese Economic Reforms[J]. The Review of Austrian Economics，2003，16（4）：327-346.

[53] DUNN K. Interviewing[M] //I. HAY，Qualitative Research Methods in Human Geography，2nd edn. Melbourne：Oxford University Press，2005：79-105.

[54] DYCK I，KEARNS R A. Structuration Theory：Agency，Structure and Everyday Life[M] //S. AITKEN，G. VALENTINE，Approaches to Human Geography. London：SAGE，Thousand Oaks，New Delhi，2006：86-97.

[55] ELLEBRECHT S. Qualities of bordering spaces：A conceptual experiment with reference to Georg Simmel's sociology of space[M] //A. LECHEVALIER，J. WIELGOHS，Borders and Border Regions in Europe. Changes，Challenges and Chances. Bielefeld：transcript Verlag，2013：45-67.

[56] ETIENNE B. At the borders of Europe[M] //P. CHEAH，B. ROBBINS，Cosmopolitics：Thinking and Feeling Beyond the Nation. University of Minneapolis：Minnesota Press，1998：216-229.

[57] FAINSTEIN S S，HARLOE M. Divided cities：New York & London in the contemporary world[M]. Blackwell，1992.

[58] FAN C C. The Elite，the Natives，and the Outsiders：Migration and Labor Market Segmentation in Urban China[J]. Annals of the Association of American Geographers，2002，92（1）：103-124.

[59] FENG D，BREITUNG W，ZHU H. Creating and defending concepts of home in suburban Guangzhou[J]. Eurasian Geography and Economics，2014，55（4）：381-403.

[60] FERRER-GALLARDO X. The Spanish–Moroccan border complex：Processes of geopolitical，functional and symbolic rebordering[J]. Political Geography，2008，27（3）：301-321.

[61] FOLDVARY F E. The economic case for private residential government[M] //G. GLASZE，C. WEBSTER，K. FRANTZ，Private Cities：Global and local perspectives. London and New York：Routledge，2006：31-44.

[62] FRANKLIN B, TAIT M. Constructing an Image: The Urban Village Concept in the UK[J]. Planning Theory, 2002, 1(3): 250-272.

[63] FRUG G E. City Making: Building Communities without Building Walls[M]. Princeton, NJ: Princeton University Press, 1999.

[64] GANS H. The Urban Villagers: Group and Class in the Life of Italian Americans[M]. New York: Anchor, 1962.

[65] GAUBATZ P. China's urban transformation: patterns and processes of morphological change in Beijing, Shanghai and Guangzhou[J]. Urban Studies, 1999, 36(9): 1495-1521.

[66] GIDDENS A. The Constitution of Society: Outline of the Theory of Structuration[M]. Cambridge: Polity Press, 1984.

[67] GIROIR G. The Purple Jade Vilas (Beijing): a golden ghetto in red China[M] //G. GLASZE, WEBSTER, C. J. AND FRANTZ, K., Private cities global and local perspectives. London: Routledge, 2006: 142–152.

[68] GLASER B G, STRAUSS A L. The discovery grounded theory: strategies for qualitative inquiry[M]. Chicago: Aldine, 1967.

[69] GLASZE G. Some Reflections on the Economic and Political Organisation of Private Neighbourhoods[J]. Housing Studies, 2005, 20(2): 211-233.

[70] GOIX R L. Gated communities: Sprawl and social segregation in Southern California[J]. Housing Studies, 2005, 20(2): 323-343.

[71] GOODMAN R, DOUGLASA K, BABACANA A. Master Planned Estates and Collective Private Assets in Australia: Research into the Attitudes of Planners and Developers[J]. International Planning Studies, 2010, 15(2): 99-117.

[72] GOTHAM K F. Beyond Invasion and Succession: School Segregation, Real Estate Blockbusting, and the Political Economy of Neighborhood Racial Transition[J]. City & Community, 2002, 1(1): 83-111.

[73] GOTTDIENER M, HUTCHISON R. The new urban sociology[M]. Boulder: Westview Press, 2010.

[74] GRAHAM S, MARVIN S. Splintering Urbanism[M]. London and New York: Routledge, 2001.

[75] GRANOVETTER M S. The Strength of Weak Ties[J]. American Journal of Sociology, 1973, 78(6): 1360-1380.

[76] GRANT J. Planning Responses to Gated Communities in Canada[J]. Housing Studies, 2005, 20(2): 273 - 285.

[77] GRAVELLE T B. Love Thy Neighbo(u)r? political attitudes, proximity and the mutual perceptions of the Canadian and American publics[J]. Canadian Journal of Political Science, 2014, 47(1): 135-157.

[78] HAO P，GEERTMAN S，HOOIMEIJER P，SLIUZAS R. Spatial Analyses of the Urban Village Development Process in Shenzhen，China[J]. International Journal of Urban and Regional Research，2013，37（6）：2177-2197.

[79] HARTSHORNE R. Suggestions on the terminology of political boundaries[J]. Annals of the Association of American Geographers，1936，26（1）：56-57.

[80] HARTSHORNE R. The Functional Approach in Political Geography[J]. Annals of the Association of American Geographers，1950，40（2）：95-130.

[81] HARVEY D. The condition of postmodernity[M]. MA：Blackwell，1989.

[82] HAUGAARD M. The constitution of power[M].Manchester：Manchester University Press，1997.

[83] HAZELZET A，WISSINK B. Neighborhoods，Social Networks，and Trust in Post-Reform China：The Case of Guangzhou [J]. Urban Geography，2012，33（2）：204-220.

[84] HE S. Evolving enclave urbanism in China and its socio-spatial implications：the case of Guangzhou[J]. SOCIAL & CULTURAL GEOGRAPHY，2013，14（3）：243-275.

[85] HE S，LIU Y，WU F，WEBSTER C. Social Groups and Housing Differentiation in China's Urban Villages：An Institutional Interpretation[J]. Housing Studies，2010，25（5）：671-691.

[86] HE S，WU F. China's Emerging Neoliberal Urbanism：Perspectives from Urban Redevelopment[J]. Antipode，2009a，41（2）：282-304.

[87] HE S J，WU F L. China's Emerging Neoliberal Urbanism：Perspectives from Urban Redevelopment[J]. Antipode，2009b，41（2）：282-304.

[88] HELD D，MCGREW A，GOLDBLATT D，PERRATON J. Global transformations：Politics，economics and culture[M]. Politics at the Edge，Springer，2000：14-28.

[89] HENG C K. Cities of aristocrats and bureaucrats：The development of medieval chinese cityscapes[M]. Singapore：Singapore University Press，1999.

[90] HERBERT S. A Taut Rubber Band：Theory and Empirics in Qualitative Geographic Research[M] //D. DELYSER，S. HERBERT，S. AITKEN，et al. The SAGE Handbook of Qualitative Geography. London：Sage，2010.

[91] HO P，SPOOR M. Whose land? The political economy of land titling in transitional economies[J]. Land Use Policy，2006，23（4）：580-587.

[92] HOLDICH T H. Political Frontiers and Boundary Making[M]. London：MacMillan，1916.

[93] HONG S，CHAN K W.Land Expropriation and Local Government Behavior[z]//.Hong Kong：Hong Kong Baptist University，Centre for China Urban and Regional Studies，Occasional Paper，2005.

[94] HSIEH H-F，SHANNON S E. Three Approaches to Qualitative Content Analysis[J]. Qualitative Health Research，2005，15（9）：1277-1288.

[95] HU X，KAPLAN D H. The emergence of affluence in Beijing：residential social stratification in China's

capital city[J]. Urban Geography, 2001, 22 (1): 54-77.

[96] HUANG Y. Collectivism, political control, and gating in Chinese cities[J]. Urban Geography, 2006, 27 (6): 507–525.

[97] IOSSIFOVA D. Blurring the joint line? Urban life on the edge between old and new in Shanghai[J]. Urban Design International, 2009, 14 (2): 65–83.

[98] IOSSIFOVA D. Searching for common ground: Urban borderlands in a world of borders and boundaries[J]. Cities, 2013, 34: 1-5.

[99] IOSSIFOVA D. Borderland urbanism: seeing between enclaves[J]. Urban Geography, 2015, 36 (1): 90-108.

[100] IOSSIFOVA D. Borderland[M] //A. ORUM, The Wiley Blackwell Encyclopedia of Urban and Regional Studies.Chichester: John Wiley & Sons Ltd, 2019.

[101] JIRóN P. On Becoming La Sombra/The Shadow[M] //M. BUSCHER, J. URRY, K. WITCHGER, Mobile Methods. Oxon: Routledge, 2011: 36-53.

[102] JOHNSON C, JONES R, PAASI A, AMOORE L, MOUNTZ A, et al. Interventions on rethinking 'the border' in border studies[J]. Political Geography, 2011, 30 (2): 61–69.

[103] JOHNSON R B, ONWUEGBUZIE A J. Mixed Methods Research: A Research Paradigm Whose Time Has Come[J]. Educational Researcher, 2004, 33 (7): 14-26.

[104] JONES R. Categories, borders and boundaries[J]. Progress in Human Geography, 2009, 33 (2): 174-189.

[105] JONES S B. The description of international boundaries[J]. Annals of the Association of American Geographers, 1943, 33: 99-117.

[106] KARAMAN O, ISLAM T. On the dual nature of intra-urban borders: The case of a Romani neighborhood in Istanbul[J]. Cities, 2012, 29 (4): 234-243.

[107] KELIANG Z, PROSTERMAN R. Securing Land Rights for Chinese Farmers: A Leap Forward for Stability and Growth[J]. Cato Development Policy Analysis Series, 2007, 3: 1-17.

[108] KNAPP R. China' s walled cities [M].Oxford: Oxford University Press, 2000.

[109] KOLOSSOV V. Theorizing Borders: Border Studies: Changing Perspectives and Theoretical Approaches[J]. Geopolitics, 2005, 10 (4): 606-632.

[110] KONRAD V, NICOL H. Beyond Walls: Re-Inventing the Canada-United States Borderlands[M].London: Ashgate, 2008.

[111] KONRAD V, NICOL H N. The Canada-United States borderlands: Drawing the line, working across it, and re-inventing the border[J]. Pennsylvania Geographer, 2009, 47 (1): 55-90.

[112] KONRAD V, NICOL H N. Border Culture, the Boundary Between Canada and the United States of America, and the Advancement of Borderlands Theory[J]. Geopolitics, 2011, 16 (1): 70-90.

[113] KRISTOF L. The Nature of Frontiers and Boundaries[J]. Annals of the Association of American Geographers，1959，49（3）：269-282.

[114] KUNG J K S. Choice of Land Tenure in China：The Case of a County with Quasi- Private Property Rights[J]. Economic Development and Cultural Change，2002，50（4）：793-817.

[115] LAMONT M，MIZRACHI N. Ordinary people doing extraordinary things：Responses to stigmatization in comparative perspective[J]. Ethnic and Racial Studies，2012，35（3）：365-381.

[116] LE GOIX R，VESSELINOV E. Gated Communities and House Prices：Suburban Change in Southern California，1980–2008[J]. International Journal of Urban and Regional Research，2013，37（6）：2129-2151.

[117] LECHEVALIER A，WIELGOHS J. Borders and Border Regions in Europe.Changes，Challenges and Chances[M]. Bielefeld：Transcript Verlag，2013.

[118] LEE J. From Welfare Housing to Home Ownership：The Dilemma of China's Housing Reform[J]. Housing Studies，2000，15（1）：61-76.

[119] LEE J，ZHU Y-P. Urban governance，neoliberalism and housing reform in China[J]. The Pacific Review，2006，19（1）：39-61.

[120] LEIMGRUBER W. Boundary values and identity：the Swiss-Italian transborder region[M] //D. RUMLEY，J. MINGHI，The geography of border landscapes. London：Routledge，1991：43–62.

[121] LEMANSKI C. Spaces of Exclusivity or Connection? Linkages between a Gated Community and its Poorer Neighbour in a Cape Town Master Plan Development[J]. International Journal of Urban and Regional Research，2006，30（3）：564–586.

[122] LEONTIDOU L，DONNAN H，AFOUXENIDIS A. Exclusion and Difference along the EU Border：Social and Cultural Markers，Spatialities and Mappings[J]. International Journal of Urban and Regional Research，2005，29（2）：

[123] LI S-M，HUANG Y. Urban Housing in China：Market Transition，Housing Mobility and Neighbourhood Change[J]. Housing Studies，2006，21（5）：613-623.

[124] LI S M，ZHU Y S，LI L M. Neighborhood Type，Gatedness，and Residential Experiences in Chinese Cities：A Study of Guangzhou[J]. Urban Geography，2012，33（2）：237-255.

[125] LIANG Z，MA Z. China's Floating Population：New Evidence from the 2000 Census[J]. Population and Development Review，2004，30（3）：467-488.

[126] LIAO K，BREITUNG W，WEHRHAHN R. Debordering and rebordering in the residential borderlands of suburban Guangzhou[J]. Urban Geography，2018，39（7）：1092-1112.

[127] LIAO K，WEHRHAHN R，BREITUNG W. Urban planners and the production of gated communities in China：A structure–agency approach[J]. Urban Studies，2019，56（13）：2635-2653.

[128] LIM G C，LEE M H. Political ideology and housing policy in modern China[J]. Environment and

Planning C：Government and Policy，1990，8（4）：477-487.

[129] LIN G C S，HO S P S. The State，Land System，and Land Development Processes in Contemporary China[J]. Annals of the Association of American Geographers，2005，95（2）：411-436.

[130] LINCOLN Y S，GUBA E G. Naturalistic Inquiry[M]. CA：SAGE，1985.

[131] LIPPUNER R，WERLEN B. Structuration Theory[M] //R. KITCHIN，N. THRIFT，International Encyclopedia of Human Geography.Oxford：Elsevier，2009：39-49.

[132] LIU J. Modernization and crime patterns in China[J]. Journal of Criminal Justice，2006，34（2）：119-130.

[133] LIU Y，HE S，WU F，WEBSTER C. Urban villages under China's rapid urbanization：unregulated assets and transitional neighbourhoods[J]. Habitat International，2010，34（2）：135–144.

[134] LIU Y，LI Z G. A review of studies on gated communities since the 1990s：From international to domestic perspectives（in Chinese）[J]. Human Geography，2010，113：10-15.

[135] LIU Y，WU F. Urban poverty neighbourhoods：Typology and spatial concentration under China's market transition，a case study of Nanjing[J]. Geoforum，2006，37（4）：610-626.

[136] LOW S. The edge and the centre：gated communities and the discourse of urban fear[J]. American Anthropologist，2001，43：45-58.

[137] LOW S. Behind the Gates：Life，Security and the Pursuit of Happiness in Fortress America[M]. London：Routledge，2003.

[138] LUNDéN T，ZALAMANS D. Local co-operation，ethnic diversity and state territoriality – The case of Haparanda and Tornio on the Sweden – Finland border[J]. GeoJournal，2001，54（1）：33-42.

[139] LUUKKONEN J，MOILANEN H. Territoriality in the Strategies and Practices of the Territorial Cohesion Policy of the European Union：Territorial Challenges in Implementing "Soft Planning"[J]. European Planning Studies，2012，20（3）：481-500.

[140] LYDE L W. Some frontiers of tomorrow：An aspiration for Europe[M]. London：A. & C. Black，1915.

[141] LYNCH K. The image of the city[M]. Cambridge：MIT press，1960.

[142] LYNCH K. The Image of the City[M]. Cambridge：MIT Press，1992.

[143] MA L J C. Urban transformation in China，1949 - 2000：a review and research agenda[J]. Environment and Planning A，2002，34（9）：1545-1569.

[144] MA L J C，FAN M. Urbanisation from Below：The Growth of Towns in Jiangsu，China[J]. Urban Studies，1994，31（10）：1625-1645.

[145] MADRAZO B，KEMPEN R V. Explaining divided cities in China[J]. Geoforum，2012，43（1）：158–168.

[146] MANZI T，BOWERS B S. Gated Communities as Club Goods：Segregation or Social Cohesion?[J].

Housing Studies, 2005, 20(2): 345-359.

[147] MASSEY D. For space[M]. Sage, 2005.

[148] MCKENZIE E. Privatopia: Homeowners Associations and The Rise of Residential Private Communities[M].New Haven: Yale University Press, 1994.

[149] MCKENZIE E. Constructing The Pomerium in Las Vegas: A Case Study of Emerging Trends in American Gated Communities[J]. Housing Studies, 2005, 20(2): 187-203.

[150] MEAGHER K. Smuggling ideologies: From criminalization to hybrid governance in african clandestine economies[J]. African Affairs, 2014, 113(453): 497-517.

[151] MEINHOF U. Living (with) borders: identity discourses on east-west borders in Europe[M]. UK, Ashgate: Aldershot, 2002.

[152] MEZZADRA S, NEILSON B. Border as Method, or, the Multiplication of Labor[M]. Duke University Press, 2013.

[153] MIAO P. Deserted streets in a jammed town: the gated community in Chinese cities and its solution[J]. Journal of Urban Design, 2003, 8(1): 45 - 66.

[154] MILES M B, HUBERMAN A M. Qualitative data analysis: An expanded sourcebook[M]. 2nd ed. Thousand Oaks: Sage, 1994.

[155] MINGHI J V. Boundary Studies in Political Geography[J]. Annals of the Association of American Geographers, 1963, 53(3): 407-428.

[156] MURRAY C. Rethinking neighbourhoods: From urban villages to cultural hubs[M] //D. BELL, M. JAYNE, City of quarters: urban villages in the contemporary city. Aldershot and Burlington; Ashgate, 2004.

[157] NEVINS J. Operation Gatekeeper and Beyond: The War On "Illegals" and the Remaking of the US–Mexico Boundary[M]. London: Routledge, 2002.

[158] NEWMAN D. Boundaries, Borders and Barriers: Changing Geographic Perspectives on Territorial Lines[M] //M. ALBERT, D. JACOBSON, Y. LAPID, Identities, Borders and Orders, Rethinking International Relations Theory. Minneapolis: University of Minnesota Press, 2001.

[159] NEWMAN D. Boundaries[M] //J. AGNEW, K. MITCHELL, G. TOAL, A Companion to Political Geography.Malden: Blackwell Publishers, 2003a: 123-137.

[160] NEWMAN D. On borders and power: A theoretical framework[J]. Journal of Borderlands Studies, 2003b, 18(1): 13-25.

[161] NEWMAN D. Borders and Bordering: Towards an Interdisciplinary Dialogue[J]. European Journal of Social Theory, 2006a, 9(2): 171-186.

[162] NEWMAN D. The lines that continue to separate us: Borders in our 'borderless' world[J]. Progress in Human Geography, 2006b, 30(2): 143-161.

[163] NEWMAN D. Territory, Compartments and Borders: Avoiding the Trap of the Territorial Trap[J]. Geopolitics, 2010, 15 (4): 773-778.

[164] NEWMAN D. Contemporary Research Agendas in Border Studies: An Overview[M] //D. WASTL-WALTER, The Ashgate Research Companion to Border Studies.London: ASHGATE, 2011: 33-47.

[165] NEWMAN D. Borders, Boundaries, and Borderlands[M]. International Encyclopedia of Geography, 2017.

[166] NEWMAN D, PAASI A. Fences and neighbours in the postmodern world: boundary narratives in political geography[J]. Progress in Human Geography, 1998, 22 (2): 186-207.

[167] NIJKAMP P, RIETVELD P, SALOMON I. Barriers in spatial interactions and communications[J]. The Annals of Regional Science, 1990, 24 (4): 237-252.

[168] O'CONNELL D, KOWAL S. Transcription and the Issue of Standardization[J]. Journal of Psycholinguistic Research, 1999, 28 (2): 103-120.

[169] O'DOWD L. The Changing Significance of European Borders[J]. Regional & Federal Studies, 2002, 12 (4): 13-36.

[170] OHMAE K. The borderless world[M]. New York: Harper Collins, 1990.

[171] OHMAE K. The End of the Nation State[M]. London: Free Press, 1995.

[172] OI J C. Fiscal Reform and the Economic Foundations of Local State Corporatism in China[J]. World Politics, 1992, 45 (1): 99-126.

[173] PAASI A. Territories, boundaries, and consciousness: The changing geographies of the Finnish-Russian boundary[M]. Chichester: Wiley, 1996.

[174] PAASI A. Boundaries as social practice and discourse: The Finnish-Russian border[J]. Regional Studies, 1999, 33 (7): 669-680.

[175] PAASI A. Generations and the 'Development' of Border Studies[J]. Geopolitics, 2005, 10 (4): 663-671.

[176] PAASI A. Bounded spaces in a 'borderless world': Border studies, power and the anatomy of territory[J]. Journal of Power, 2009, 2 (2): 213-234.

[177] PAASI A. A Border Theory: An unattainable dream or a realistic aim for border scholars?[M] //D. WASTL-WALTER, The Ashgate Research Companion to Border Studies. London: Ashgate, 2011: 11-31.

[178] PAASI A, PROKKOLA E-K. Territorial Dynamics, Cross-border Work and Everyday Life in the Finnish–Swedish Border Area[J]. Space and Polity, 2008, 12 (1): 13-29.

[179] PERLSTEIN A, ORTOLANO L. Urban Growth in China: Evolution in the Role of Urban Planners[J]. Journal of Planning Education and Research, 2015, 35 (4): 435-443.

[180] POW C-P. Constructing a new private order：gated communities and the privatization of urban life in post-reform Shanghai[J]. Social & Cultural Geography，2007a，8（6）：813-833.

[181] POW C-P. Securing the 'civilised' enclaves：Gated communities and the moral geographies of exclusion in（post-）socialist shanghai[J]. Urban Studies，2007b，44（8）：1539-1558.

[182] POW C P，KONG L. Marketing the Chinese dream home：Gated communities and representations of the good life in（post-）socialist Shanghai[J]. Urban Geography，2007，28（2）：129-159.

[183] PRESCOTT J R V. The geography of frontiers and boundaries[M]. London：Hutchinson University Library，1965.

[184] PRESCOTT J R V. Political Frontiers and Boundaries[M]. London：Allen and Unwin，1987.

[185] QIAN J. Deciphering the Prevalence of Neighborhood Enclosure Amidst Post-1949 Chinese Cities：A Critical Synthesis[J]. Journal of Planning Literature，2014，29（1）：3-19.

[186] RAGIN C C. Cases of "What is a case?" [M] //C. C. RAGIN，H. S. BECKER，What Is a Case ?：Exploring the Foundations of Social Inquiry. Cambridge：Cambridge University Press，1992：1-18.

[187] READ B L. Assessing Variation in Civil Society Organizations：China's Homeowner Associations in Comparative Perspective[J]. Comparative Political Studies，2008，41（9）：1240-1265.

[188] ROITMAN S. Who segregates whom? The analysis of a gated community in Mendoza，Argentina[J]. Housing Studies，2005，20（2）：303 - 321.

[189] ROITMAN S. Gated communities：definitions，causes and consequences[J]. Urban Design and Planning，2010，163（1）：31-38.

[190] RUMFORD C. Introduction：Theorizing borders[J]. European Journal of Social Theory，2006，9（2）：155-169.

[191] SABATINI F，SALCEDO R. Gated communities and the poor in Santiago，Chile：Functional and symbolic integration in a context of aggressive capitalist colonization of lower-class areas[J]. Housing Policy Debate，2007，18（3）：577-606.

[192] SALCEDO R，TORRES A. Gated communities in Santiago：wall or frontier?[J]. International Journal of Urban and Regional Research，2004，28（1）：27-44.

[193] SASSEN S. Territory，authority，rights：From medieval to global assemblages[M]. Princeton university press，2008.

[194] SASSEN S. When the center no longer holds：Cities as frontier zones[J]. Cities，2013，34 67-70.

[195] SCHELLING T C. Dynamic models of segregation[J]. Journal of Mathematical Sociology，1971，1（2）：143-186.

[196] SCHUERMANS N. Enclave urbanism as telescopic urbanism? Encounters of middle class whites in Cape Town[J]. Cities，2016，59 183-192.

[197] SCHWIRIAN K P. Models of Neighborhood Change[J]. Review of Sociology，1983，9（1）：83-102.

[198] SENDHARDT B. Border Types and Bordering Processes: A Theoretical Approach to the EU/ Polish-Ukrainian Border as a Multi-dimensional Phenomenon[M] //A. LECHEVALIER, J. WIELGOHS, Borders and Border Regions in Europe. Changes, Challenges and Chances. Bielefeld: transcript Verlag, 2013: 21-43.

[199] SHEN J. A study of the temporary population in Chinese cities[J]. Habitat International, 2002, 26 (3): 363-377.

[200] SHEN J. Scale, state and the city: Urban transformation in post-reform China[J]. Habitat International, 2007, 31 (3–4): 303-316.

[201] SHI X. The pattern of real estate[M].Guangzhou: Guangdong Economic Press, 2004.

[202] SNYDER E J B A M G. Divided We Fall: Gated and Walled Communities in the United States[J]. Architecture of fear, 1997.

[203] SOJA E W. Borders unbound: Globalization, regionalism, and the postmetropolitan transition[M] //H. V. HOUTUM, O. KRAMSCH, W. ZIERHOFER, B/ordering space. Burlington: Ashgate, 2005: 33–46.

[204] SONG W, ZHU X. China Gated Communities: The Negative Social Effects of Social Differentiation (in Chinese) [J]. Planners, 2009, 25 (11): 82-86.

[205] SONG Y, YVES Z, DING C. Let's Not Throw the Baby Out with the Bath Water: The Role of Urban Villages in Housing Rural Migrants in China[J]. Urban Studies, 2008, 45 (2): 313-330.

[206] SPARKE M B. A neoliberal nexus: Economy, security and the biopolitics of citizenship on the border[J]. Political Geography, 2006, 25 (2): 151-180.

[207] SPYKMAN N J. Frontiers, Security and International Organization[J]. Geographical Review, 1942, 32 (3): 430-445.

[208] STETTER S. Theorising the European Neighbourhood Policy: Debordering and Rebordering in the Mediterranean, [EB/OL] http: //hdl.handle.net/1814/3830.

[209] STETTER S. Territories We Make and Unmake.The Social Construction of Borders and Territory in the Age of Globalization[J]. Harvard International Review, 2008, 9.

[210] TANG K. Urban Planning System in China-Basic Facts and Reform Progress[EB/OL]. URL: http: // dungdothi.files.wordpress.com/2011/09/urban_planning_system_in_china.pdf

[211] TANG W-S. Chinese Urban Planning at Fifty: An Assessment of the Planning Theory Literature[J]. Journal of Planning Literature, 2000, 14 (3): 347-366.

[212] TANG Y. Urban land use in China: Policy issues and options[J]. Land Use Policy, 1989, 6 (1): 53-63.

[213] TAO R. Hukou reform and social security for migrant workers in China[M] //R. MURPHY, Labour Migration and Social Development in Contemporary China. London: Routledge, 2008: 73-95.

[214] TEDDLIE C，TASHAKKORI A. A general typology of research designs featuring mixed methods[J]. Research in the Schools，2006，13（1）：12-28.

[215] THUILLIER G. Gated communities in the metropolitan area of Buenos Aires，Argentina：a challenge for town planning[J]. Housing Studies，2005，20（2）：255 - 271.

[216] TIAN L. The Chengzhongcun Land Market in China：Boon or Bane? — A Perspective on Property Rights[J]. International Journal of Urban and Regional Research，2008，32（2）：282-304.

[217] TUATHAIL G Ó，TOAL G. Critical geopolitics：The politics of writing global space[M]. U of Minnesota Press，1996.

[218] URRY J. Mobilities：new perspectives on transport and society[M]. Routledge，2016.

[219] VAN HOUTUM H. An overview of European geographical research on borders and border regions[J]. Journal of Borderlands Studies，2000，15（1）：57-83.

[220] VAN HOUTUM H. The Geopolitics of Borders and Boundaries[J]. Geopolitics，2005，10（4）：672–679.

[221] VAN HOUTUM H，KRAMSCH O，ZIERHOFFER W. Bordering Space[M]. Aldershot：Ashgate Publishing，Limited，2005.

[222] VAN HOUTUM H，VAN NAERSSEN T. Bordering，Ordering and Othering[J]. Tijdschrift voor Economische en Sociale Geografie，2002，93（2）：125–136.

[223] VERTOVEC S. Transnationalism[M]. Routledge，2009.

[224] VESSELINOV E. Members Only：Gated Communities and Residential Segregation in the Metropolitan United States[J]. Sociological Forum，2008，23（3）：536-555.

[225] VESSELINOV E. Segregation by Design：Mechanisms of Selection of Latinos and Whites into Gated Communities[J]. Urban Affairs Review，2012，48（3）：417-454.

[226] VILA P. Processes of identification on the U.S.-Mexico border[J]. Social Science Journal，2003，40（4）：607-625.

[227] WANG D G，LI F，CHAI Y W. Activity Spaces and Sociospatial Segregation in Beijing[J]. Urban Geography，2012a，33（2）：256-277.

[228] WANG G. The State of China Cities 2010/2011：Better City，Better Life[M]. Beijing：Foreign Languages Press，2011.

[229] WANG H，ZHAO C，XIAOKAITI M，ZHOU Y，ZHAO R. Dual Land Market and Rapid China's Urbanization：Problems and Solutions[J]. Chinese Studies，2012b，1（1）：1-4.

[230] WANG J，LAU S. Forming foreign enclaves in Shanghai：state action in globalization[J]. Journal of Housing and the Built Environment，2008，23（2）：103-118.

[231] WANG Y，SCOTT S. Illegal Farmland Conversion in China's Urban Periphery：Local Regime and National Transitions[J]. Urban Geography，2008，29（4）：327-347.

[232] WANG Y P. Urban Housing Reform and Finance in China: A Case Study of Beijing[J]. Urban Affairs Review. 2001, 36 (5): 620-645.

[233] WEBER R P. Basic content analysis[M]. CA: Sage, 1990.

[234] WEBSTER C. Gated cities of tomorrow[J]. Town Planning Review, 2001, 72 (2): 149-169.

[235] WEBSTER C. Property rights and the public realm: gates, green belts, and Gemeinschaft[J]. Environment and planning B, 2002, 29: 397-412.

[236] WEHRHAHN R, RAPOSO R. The rise of gated residential neighborhoods in Portugal and Spain: Lisbon and Madrid[M] //G. GLASZE, C. WEBSTER, K. FRANTZ, Private Cities: Global and Local Perspectives.London: Routledge, 2006: 170–189.

[237] WEI Y D. Decentralization, marketization, and globalization: the triple processes underlying regional development in China[J]. Asian Geographer, 2001, 20 (1-2): 7-23.

[238] WHEATLEY P. The pivot of the four quarters: A preliminary enquiry into the origins and character of the ancient Chinese City[M]. Edinburgh: Edinburgh University Press, 1971.

[239] WILSON T, DONNAN H. Border identities: Nation and state at international frontiers[M].Cambridge: Cambridge University Press, 1998.

[240] WIMMER A. Ethnic boundary making: Institutions, power, networks[M]. Oxford: oxtord University Press, 2013.

[241] WISSINK B, HAZELZET A. Bangkok living: Encountering others in a gated urban field[J]. Cities, 2016, 59 (nov.): 164-172.

[242] WISSINK B, KEMPEN R V, FANG Y, LI S-M. Introduction—Living in Chinese Enclave Cities[J]. Urban Geography, 2012, 33 (2): 161-166.

[243] WU F. Rediscovering the 'Gate' Under Market Transition: From Work-unit Compounds to Commodity Housing Enclaves[J]. Housing Studies, 2005, 20 (2): 235-254.

[244] WU F. Re-orientation of the city plan: Strategic planning and design competition in China[J]. Geoforum, 2007, 38 (2): 379-392.

[245] WU F. China's great transformation: Neoliberalization as establishing a market society[J]. Geoforum, 2008a, 39 (3): 1093-1096.

[246] WU F. Planning for Growth: Urban and Regional Planning in China[M]. London: Routledge, 2015.

[247] WU F, LI Z. Sociospatial Differentiation: Processes and Spaces in Subdistricts of Shanghai[J]. Urban Geography, 2005, 26 (2): 137-166.

[248] WU F, WEBBER K. The rise of "foreign gated communities" in Beijing: between economic globalization and local institutions[J]. Cities, 2004, 21 (3): 203-213.

[249] WU F, XU J, YEH A G-O. Urban development in post-reform China: state, market, and space[M]. Abingdon and New York: Routledge, 2007.

[250] WU F，ZHANG F，WEBSTER C. Informality and the Development and Demolition of Urban Villages in the Chinese Peri-urban Area[J]. Urban Studies，2013，50（10）：1919-1934.

[251] WU F，ZHANG J. Planning the Competitive City-Region：The Emergence of Strategic Development Plan in China[J]. Urban Affairs Review，2007，42（5）：714-740.

[252] WU F L. Gated and packaged suburbia：Packaging and branding Chinese suburban residential development[J]. Cities，2010，27（5）：385-396.

[253] WU W. Migrant Settlement and Spatial Distribution in Metropolitan Shanghai[J]. The Professional Geographer，2008b，60（1）：101-120.

[254] XU J，YEH A G O. Guangzhou[J]. Cities，2003，20（5）：361-374.

[255] XU M，YANG Z. Theoretical debate on gated communities：genesis，controversies，and the way forward[J]. Urban Design International，2008，13：213–226.

[256] XU M，YANG Z. Design history of China's gated cities and neighbourhoods：Prototype and evolution[J]. Urban Design International，2009，14（2）：99-117.

[257] YANG X. Household Registration，Economic Reform and Migration[J]. International Migration Review，1993，27（4）：796-818.

[258] YEH A G-O，WU F. The transformation of the urban planning system in China from a centrally-planned to transitional economy[J]. Progress in Planning，1999，51（3）：165-252.

[259] YIP N M. Walled Without Gates：Gated Communities in Shanghai[J]. Urban Geography，2012，33（2）：221-236.

[260] YOUNG I M. Justice and the Politics of Difference[M]. Princeton，NJ：Princeton University Press，1990.

[261] YU Z. Heterogeneity and dynamics in China's emerging urban housing market：two sides of a success story from the late 1990s[J]. Habitat International，2006，30（2）：277-304.

[262] ZHANG J. The Hukou System as China's Main Regulatory Framework for Temporary Rural-Urban Migration and its Recent Changes[J]. DIE ERDE，2012a，143（3）：233-247.

[263] ZHANG L. Strangers in the City：Reconfiguration of Space，Power，and Social Networks within China's Floating Population[M].Stanford：Stanford University Press，2001.

[264] ZHANG L. Economic Migration and Urban Citizenship in China：The Role of Points Systems[J]. Population and Development Review，2012b，38（3）：503-533.

[265] ZHANG L，ZHAO S X B，TIAN J P. Self-help in housing and chengzhongcun in China's urbanization[J]. International Journal of Urban and Regional Research，2003，27（4）：912-937.

[266] ZHANG M，ZHU C J，NYLAND C. The Institution of Hukou-based Social Exclusion：A Unique Institution Reshaping the Characteristics of Contemporary Urban China[J]. International Journal of Urban and Regional Research，2014，38（4）：1437-1457.

[267] ZHANG X Q. Chinese housing policy 1949-1978：the development of a welfare system[J]. Planning Perspectives，1997a，12（4）：433-455.

[268] ZHANG X Q. Urban land reform in China[J]. Land Use Policy，1997b，14（3）：187-199.

[269] ZHAO Y，BOURASSA S C. China's Urban Housing Reform：Recent Achievements and New Inequities[J]. Housing Studies，2003，18（5）：721-744.

[270] ZHONGCUN SUBDISTRICT OFFICE. The profile of Clifford Estate（in Chinese）[EB/OL]. http：//www.zhongcun.gov.cn/news/html/?1540.html

[271] ZHOU Y，MA L J C. ECONOMIC RESTRUCTURING AND SUBURBANIZATION IN CHINA[J]. Urban Geography，2000，21（3）：205-236.

[272] ZHU J. Changing Land Policy and its Impact on Local Growth：The Experience of the Shenzhen Special Economic Zone，China，in the 1980s[J]. Urban Studies，1994，31（10）：1611-1623.

[273] ZHU Y. New Paths to Urbanization in China：Seeking More Balanced Patterns[M]. New York：Nova Science Publication，1999.

[274] ZHU Y. In Situ Urbanization in Rural China：Case Studies from Fujian Province[J]. Development and Change，2000，31（2）：413-434.

[275] 北京市规划和自然资源委员会 . 关于推进北京市核心区责任规划师工作的指导意见 [EB/OL]. http：//ghzrzyw.beijing.gov.cn/zhengwuxinxi/tzgg/sj/201912/t20191223_1416503.html.

[276] 曹国英 .“村改居”亟待规范 [J]. 乡镇论坛，2010,（13）：9-10.

[277] 柴彦威，刘志林，沈洁 . 中国城市单位制度的变化及其影响 [J]. 干旱区地理，2008,（02）：155-163.

[278] 陈皮，朱宗文 . 富户为何撤离“中国第一村”祈福 [EB/OL]. http：//www.southcn.com/estate/news/gzls/200307150626.htm，2003-07-15，2003.

[279] 封丹，BREITUNG W，朱竑 . 住宅郊区化背景下门禁社区与周边邻里关系研究——以广州丽江花园为例 [J]. 地理研究，2011，30（01）：61-70.

[280] 冯革群，马仁锋，陈芳，HEBEL J. 中国城市社会空间转型解读——以单位空间向社区空间转型为例 [J]. 城市规划，2016，40（01）：60-65.

[281] 广州统计局 . 广州统计信息手册（2020 年）[EB/OL]. http：//112.94.72.19/gzStat1/chaxun/ndsj.jsp.

[282] 郭东杰 . 新中国 70 年：户籍制度变迁、人口流动与城乡一体化 [J]. 浙江社会科学，2019,（10）：75-84，158-159.

[283] 郭磊贤，吴唯佳 . 略论开放社区的规划设计实现途径 [J]. 城市建筑，2016,（22）：21-24.

[284] 国家统计局 . 2019 中国统计年鉴 [M]. 北京：中国统计出版社，2019.

[285] 黄博纯，许琛 . 藏尸别墅邻居相继搬离 [EB/OL]. https：//news.qq.com/a/20120706/001159.htm 2012.7.4，2012.

[286] 黄怡 . 城市居住隔离的模式——兼析上海居住隔离的现状 [J]. 城市规划学刊，2005,（02）：31-37.

[287] 简•雅各布斯．美国大城市的死与生 [M]. 金衡山，译．南京：译林出版社，2005.

[288] 李立勋．广州市城中村形成及改造机制研究 [D]. 广州：中山大学，2001.

[289] 李立志，“村改居”10 年相关政策仍未落实到位 [EB/OL]. http: //politics.people.com.cn/n/2013/0121/c70731-20267526.html.

[290] 李培．国外封闭社区发展的特征描述 [J]. 国际城市规划，2008，23（4）：110-114.

[291] 李培林．巨变：村落的终结——都市里的村庄研究 [J]. 中国社会科学，2002，（01）：168-179，209.

[292] 李涛，任远．城市户籍制度改革与流动人口社会融合 [J]. 南方人口，2011，26（03）：17-24.

[293] 李雄，袁道平．回顾与反思：我国住房制度改革历程与主要困境 [J]. 改革与战略，2012，28（10）：13-18.

[294] 李志刚，吴缚龙，肖扬．基于全国第六次人口普查数据的广州新移民居住分异研究 [J]. 地理研究，2014，33（11）：2056-2068.

[295] 田莉，刘宣，朱介鸣，等．广州市番禺区居住用地开发与控制政策研究：以华南板块研究为例 [R]. 2007.

[296] 廖开怀，蔡云楠．重塑街区道路公共性——巴塞罗那“大街区”规划的理念、实践和启示 [J]. 国际城市规划，2018，33（3）：98-104.

[297] 林晓群，朱喜钢，孙洁，等．现阶段封闭社区的社会隔离效应分析——以北京市一小区为例 [J]. 城市问题，2016，（12）：4-10.

[298] 林雄斌，马学广，李贵才．全球化背景下封闭社区形成的影响因素与空间效应 [J]. 地理科学进展，2013，32（3）：354-360.

[299] 刘贵山．1949 年以来中国户籍制度演变述评 [J]. 天津行政学院学报，2008，（01）：37，41.

[300] 刘守英．中国城乡二元土地制度的特征、问题与改革 [J]. 国际经济评论，2014，（03）：9-25，24.

[301] 刘望保，翁计传．住房制度改革对中国城市居住分异的影响 [J]. 人文地理，2007，（01）：49-52.

[302] 刘晔，李志刚．20 世纪 90 年代以来封闭社区国内外研究述评 [J]. 人文地理，2010，113（03）：10-15.

[303] 乔科豪，史卫民．从城乡二元土地制度破除论城乡融合发展 [J]. 云南农业大学学报，2019，13（5）：108-114.

[304] 秦瑞英，闫小培，曹小曙．国外城市封闭社区及其治理 [J]. 经济地理，2008，28（3）：401-405，429.

[305] 沈洁，罗翔．郊区新城的社会空间融合：进展综述与研究框架 [J]. 城市发展研究，2015，22（10）：102-107.

[306] 史主生．封闭住宅小区开放的居民意愿调查研究——以呼和浩特市为例 [J]. 内蒙古科技与经济，2017，（16）：19-21.

[307] 宋伟轩．封闭社区研究进展 [J]. 城市规划学刊，2010，（04）：42-51.

[308] 宋伟轩，陈培阳．城市封闭社区的社会效应分析 [J]. 城市问题，2013，(06)：11-17.

[309] 宋伟轩，毛宁，陈培阳，等．基于住宅价格视角的居住分异耦合机制与时空特征——以南京为例 [J]. 地理学报，2017，72(04)：589-602.

[310] 宋伟轩，吴启焰，朱喜钢．新时期南京居住空间分异研究 [J]. 地理学报，2010，65(06)：685-694.

[311] 宋伟轩，朱喜钢．中国封闭社区——社会分异的消极空间响应 [J]. 规划师，2009，(11)：82-86.

[312] 宋伟轩，朱喜钢，吴启焰．中国中产阶层化过程、特征与评价——以南京为例 [J]. 城市规划，2010，34(04)：14-20.

[313] 搜狐焦点论坛．祈福新村的治安极度恶化 [EB/OL] https：//bbs.focus.cn/gz/41599/c802cfaf844d36c7.html 2014-09-26，2014.

[314] 唐雪琼，杨茜好，钱俊希．社会建构主义视角下的边界——研究综述与启示 [J]. 地理科学进展，2014，33(7)：969-978.

[315] 陶然，汪晖．中国尚未完成之转型中的土地制度改革：挑战与出路 [J]. 国际经济评论，2010，(02)：93-123，125.

[316] 涂一荣，鲍梦若．超越工具理性：我国户籍制度改革的实践反思 [J]. 华中师范大学学报，2016，55(04)：11-18.

[317] 王贵春，何琳，林思．开放封闭小区政策的民意调研与执行建议——基于公平与效率角度 [J]. 建筑经济，2016，37(12)：90-92.

[318] 王宏伟．大城市郊区化、居住空间分异与模式研究——以北京市为例 [J]. 建筑学报，2003，(09)：11-13.

[319] 吴晓林．城市封闭社区的改革与治理 [J]. 国家行政学院学报，2018，(02)：122-127，138.

[320] 吴智刚，周素红．城中村改造：政府、城市与村民利益的统一——以广州市文冲城中村为例 [J]. 城市发展研究，2005，(02)：48-53.

[321] 谢立中．主体性、实践意识、结构化：吉登斯“结构化”理论再审视 [J]. 学海，2019，(04)：40-48.

[322] 徐昀，宋伟轩，朱喜钢，等．封闭社区的形成机理与社会空间效应 [J]. 城市问题，2009，(07)：2-6.

[323] 徐苗．从门禁社区看中国“围”城史：传承与嬗变 [J]. 建筑学报，2015，(02)：112-118.

[324] 徐苗，袁媛．门禁社区的设计控制研究：潜力与途径 [J]. 建筑学报，2015，(11)：98-104.

[325] 杨保军，顾宗培．“推广街区制”的规划思辨 [J]. 城市观察，2017，(02)：63-72.

[326] 杨昌鸣，张祥智，李湘桔．基于混合居住的城市毗邻隔离住区更新 [J]. 建筑学报，2013，(03)：8-12.

[327] 杨贵庆，房佳琳，何江夏．改革开放 40 年社区规划的兴起和发展 [J]. 城市规划学刊，2018，(06)：29-36.

[328] 杨明志，熊尧宇，周思琪，等．扬州市“封闭式小区走向开放”之民意调查研究 [J]. 建材与装饰，2018，(12)：119-120.

[329] 于一凡．从传统居住区规划到社区生活圈规划 [J]. 城市规划，2019，43（05）：17-22.

[330] 于长艺，尹洪杰．责任规划师制度初步探索——以北京西城为例 [J]. 北京规划建设，2019，（S2）：112-116.

[331] 余侃华，朱菁，芮扬．合并中的隔离——对国外封闭社区发展机制及规划应对的思考 [J]. 现代城市研究，2010，（08）：62-68，74.

[332] 袁野．城市住区的边界问题研究——以北京为例 [D]. 北京：清华大学，2010.

[333] 张建明．广州城中村研究 [M]. 广州：广东人民出版社，2003.

[334] 张万录，陆伟，徐洋．城市郊区化中居住隔离研究——以大连市凌水街道地区为例 [J]. 规划师，2011，27（S1）：124-128.

[335] 张文忠，刘旺．北京市住宅区位空间特征研究 [J]. 城市规划，2002，（12）：86-89.

[336] 张瑜，仝德，MACLACHLAN I. 非户籍与户籍人口居住空间分异的多维度解析——以深圳为例 [J]. 地理研究，2018，37（12）：2567-2575.

[337] 张云鹏．试论吉登斯结构化理论 [J]. 社会科学战线，2005，（04）：274-277.

[338] 郑九州，叶怡君，张一兵．开放住区模式下城市边缘区毗邻隔离住区的融合发展 [J]. 规划师，2018，34（09）：100-105.

[339] 周春山，边艳 .1982—2010 年广州市人口增长与空间分布演变研究 [J]. 地理科学，2014，34（09）：1085-1092.

[340] 中国城市规划协会．你所不知道的注册城乡规划师！ [EB/OL]. 2017：https：//mp.weixin.qq.com/s?__biz=MzI5MDM5NTcyNg==&mid=2247484731&idx=2247484731&sn=2247484732b2247484704f2247484760d2247460129feacbc2247484736fc2247484739ccc2247484321ecb&chksm=ec2247484721c2247484761adb2247484564f2247484730c2247484781be2247484730f2247484338e2247484278d2247209097dd2247484739b2247484552af2247484777a2247484733e2247484737bbb-b2247676570ea2247484734f2247484589bfe2247484638f&mpshare=2247484731&scene=2247484731&srcid=2247481114ek2247484731lIKqvROfO2247484739PXum2247484732v2247484738#rd.

[341] 中国城市科学研究会．中国城市规划发展报告 2012—2013[M]. 北京：中国建筑工业出版社，2013.

[342] 钟奕纯，冯健．城市迁移人口居住空间分异——对深圳市的实证研究 [J]. 地理科学进展，2017，36（01）：125-135.

[343] 朱识义．户籍制度与农村土地制度联动改革 [M]. 北京：法律出版社，2015.